零基础学

Animate CC UI动效制作

路晓创 ◎ 编著

U0234264

人民邮电出版社

北京

图书在版编目（CIP）数据

零基础学Animate CC UI动效制作 / 路晓创编著. ——
北京：人民邮电出版社，2020.4（2022.1重印）
ISBN 978-7-115-51874-3

Ⅰ．①零… Ⅱ．①路… Ⅲ．①动画制作软件 Ⅳ．
①TP391.414

中国版本图书馆CIP数据核字(2019)第179386号

内 容 提 要

本书主要介绍界面动画制作的基础知识和常用方法，并结合 Animate 软件为每个知识点搭配了简单实用的实例，这样既易于理解又方便读者进行实操。另外，本书分析了界面动画的起源和特点，以及它与传统动画之间的关系。注重交互和操作体验是界面动画与生俱来的属性，本书不但关注界面动画的使用体验，也对界面动画的实践方面有详细的描述。学习本书，读者能够学会用 Animate 软件制作可交互的动画原型，并在操作中更好地体验动画。随书附赠全部实例的项目文件和效果演示动画，以及在线教学视频，读者可以边学边练，提高学习效率。

本书适合从事界面动画设计工作的人员、个体开发者，以及想了解界面动画相关知识的软件产品经理、界面设计师和前端开发人员学习使用。

◆ 编　著　路晓创
　　责任编辑　张丹阳
　　责任印制　马振武
◆ 人民邮电出版社出版发行　　北京市丰台区成寿寺路 11 号
　　邮编　100164　电子邮件　315@ptpress.com.cn
　　网址　https://www.ptpress.com.cn
　　涿州市京南印刷厂印刷
◆ 开本：690×970　1/16
　　印张：8.25　　　　　　　　2020 年 4 月第 1 版
　　字数：207 千字　　　　　　2022 年 1 月河北第 2 次印刷

定价：45.00 元

读者服务热线：(010)81055410　印装质量热线：(010)81055316
反盗版热线：(010)81055315
广告经营许可证：京东市监广登字 20170147 号

　　本书首先回顾了图形用户的界面起源和发展，从中可以了解界面动画从诞生到逐渐丰富和发展起来的过程。界面动画是伴随着图形用户界面的出现而产生的一种全新动画形式，不同于以往任何一种动画形式，它有自己独特的属性和特点。界面动画诞生于产品的需求和交互，由用户操作驱动，目的也是为了更好地传递信息和优化体验，这是界面动画本质的属性，也是与其他动画类型区分的关键。因此很难简单地将其归类为某种已有的动画形式，它是交互设计、界面设计、传统动画、视觉特效等多个领域的一个交叉学科。

　　从界面动画本身注重交互和体验的特点来看，Animate 是一款非常适合制作界面动画的软件。Animate 在时间轴制作关键帧动画、布局界面、编写代码、跨平台输出等方面，以及整个流程的完善度上都要优于一些新生软件，可以满足大部分界面动画的制作需求。本书除了在第 2 章单独介绍 Animate 的基本操作之外，还会在后面章节的案例中穿插讲述一些常用的功能操作。但 Animate 软件也有自身的局限，它做不了丰富的特效和视频剪辑。当有这些需求的时候，还是要借助 After Effects（简称 AE）这样的后期和特效制作软件。本书也对如何将 Animate 与 After Effects 结合使用进行了介绍，让读者可以将 After Effects 制作的丰富特效应用在 Animate 制作的可交互动画原型中。

　　想要准确地将自己的想法呈现出来，除了熟练掌握软件的用法之外，还需要了解一些规则原理。本书介绍了一些在制作界面动画过程中常用到的基础知识，包括时间、缓动类型的用法，常见动画方式等，并且为每个知识点都配了简单实用的案例，方便读者理解，也可以让读者进行操作，加深对知识点的理解。另外，读者可以多了解传统动画的原理、创作方法，多做运动规律的练习，可以帮助提高动画技术。本书也比较注重界面动画的落地实践，对于动画输出格式、参数和算法的总结等问题都有详细的描述，不仅可以帮助个体开发者做好界面动画，也可以帮助设计师、产品经理更好地与工程师沟通。

　　界面动画只是图形用户界面的一部分，而图形用户界面也只是人机交互发展过程中的一个阶段，随着科技的发展，人们必然会找到更简洁高效的交互方式，在下一个人机交互的阶段，界面动画将会以怎样的方式存在，或者是否还会存在？这个问题的答案留给读者自己去寻找。

作者

目录

界面动画

1.1 界面动画起源

界面动画是伴随着图形用户界面的出现而产生的。1973 年 4 月施乐公司帕洛阿尔托研究中心（The Xerox PARC）研发出了第一款使用图形界面操作系统的个人电脑 Xerox Alto，它拥有一款分辨率为 606 像素 ×808 像素的显示器，配备了一个键盘和一个有 3 个按键的鼠标，并首次将所有元素集中到了图形用户界面中，拥有所见即所得的文档编辑器，内置了大量字体和文字格式。同时施乐公司还开发了一种名为 SmallTalk 的程序语言和环境，用来构建自己的图形界面环境（包括弹出菜单、视窗、图标），如图 1-1 所示。

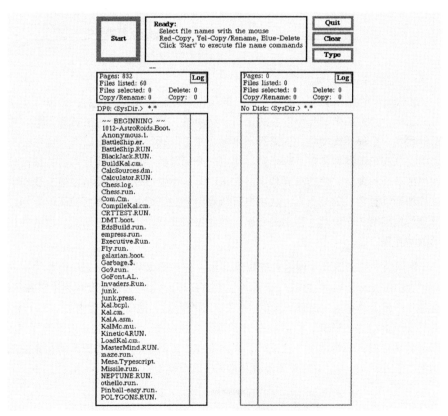

图 1-1

1981 年 6 月，Xerox 推出了 Xerox Star 操作系统，这是第一个完整地集成了桌面和应用程序及图形界面的操作系统，相比于 Alto 在硬件和分辨率上都做了升级并配备了两个按键的鼠标，拥有桌面软件，支持多语言，能够连接文件服务器和邮件服务器，如图 1-2 所示。

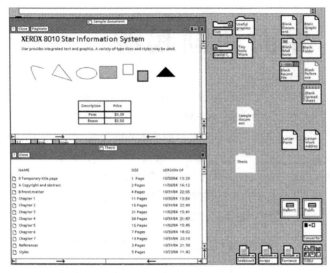

图 1-2

　　这款最早的操作系统与现在计算机的操作系统没有太大的区别，它包含了今天广泛使用的图标、弹出菜单、互相重叠的窗口、滚动条、对话框和单选按钮等元素。它用一个小图标代表一个程序或文档，只需轻点鼠标，便可以运行程序。窗口都包含在一个图形边框之中，以灰色图案为背景。每个窗口都有一个标题栏，只要在此处单击并按住鼠标左键，便可拖动当前窗口，使其在屏幕上随意移动。多个窗口也可以互相堆叠，被选中的窗口可以移动到堆叠窗口的最上方。从中也可以看到一些早期基本的界面动画的影子，如移动鼠标控制鼠标箭头在屏幕上移动的动画，拖动窗口在屏幕上移动的动画，滚动条控制内容滚动的动画等。

　　施乐公司虽然研发了图形界面操作系统，但是并未将其商业化。史蒂夫·乔布斯在参观了 Xerox Alto 之后异常兴奋，还忍不住大声疾呼："你们为什么没有利用它做些什么事情，这是一个伟大的东西，这是一次革命！"回到公司后，他便立即要求 Lisa 项目组对 Alto 的图形交互界面进行研究，抓紧开发出了更健全的系统。这个系统不仅拥有了 SmallTalk 的图形界面环境，还增加了下拉菜单、桌面拖曳、工具条、苹果系统菜单和先进的复制粘贴功能。于是在 1983 年 1 月苹果公司发布了个人电脑 Lisa，如图 1-3 所示。

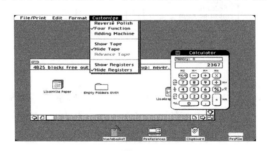

图 1-3

1984 年苹果公司乘胜追击，发布了 Lisa 计算机的升级产品 Macintosh，如图 1-4 所示。Macintosh 在为苹果公司创造了巨额的利润的同时，也确立了其图形界面操作系统的统治地位。鼠标走进了千家万户，成为个人计算机的标配。Macintosh 已经具备了现代操作系统的一些特点，文件和文件夹都可以被拖曳到桌面上，文件或文件夹以图标的方式展现，并可以根据文件大小、名字、类型和日期来排序，也可以被重命名，窗口可以被最小化或关闭。同时界面动画也进一步丰富起来，如双击一个图标打开窗口时会伴随着窗口的缩放效果动画；在安装程序时鼠标会变成一个小手的形状，手指头会一一张开再一一合上，做一个不断循环的等待动画，如图 1-5 所示。

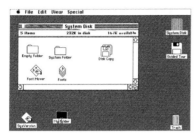

图 1-4

图 1-5

随着计算机相关技术的进一步发展，图形界面上的内容越来越丰富。除了图形和文字之外，视频、动画、可交互媒体逐渐增多，这时大家才慢慢意识到界面动画并不完善，很多界面变化的细节是缺失的。例如，在 Windows 系统中双击某个图标打开窗口的操作，从图标到窗口的过度动画缺失了，用户第一次接触这样的操作会感到疑惑，需要一段时间的适应，如图 1-6 所示。现在 Windows 系统的窗口打开操作虽然添加了动画，但依然缺乏方向性。

图 1-6

2007 年 1 月 9 日苹果公司发布了第一代 iPhone 手机，如图 1-7 所示，这款手机取消了物理键盘，改用触摸、滑动和手势来操作手机，让人机交互变得优雅简洁，丰富的软件体验让智能手机变得真正"智能"起来。这款手机彻底改变了移动终端设备的格局，引领了触屏手机的发展。同时在这款手机中也可以看到很多精致而流畅的动画效果，界面动画已经很丰富和体系化了。例如，解锁按钮的扫光动画，如图1-8所示；音乐封面滚动动画（Cover Flow），如图1-9所示；音乐列表、联系人列表、邮件列表的滚动动画（列表滚动到顶部时还有回弹的效果），如图1-10所示，以及页面或专辑封面左右移动切换、3D翻转切换动画，进入应用和返回桌面的动画等。

图 1-8

图 1-7

图 1-9

图 1-10

2014年谷歌在开发者大会上隆重推出了界面设计规范（Material Design），如图1-11所示。其中对界面动画部分的内容做了详细的规范，并将动画部分的内容称为"Motion"，中文一般翻译为"动态"。

图 1-11

这里的"Motion"一词来源于1960年美国著名动画师约翰·惠特尼（John Whitney）创立的一家名为"Motion Graphics"的公司。术语"Motion Graphics"，通常翻译为动态图形或动态影像，它是平面设计和动画结合的产物，是基于单一时间流动而设计的一种视觉表现形式，在视觉表现上遵循平面设计原则，在技术上基于动画的原理和制作手段来实现。它的主要应用领域集中在节目频道包装、电影电视片头、商业广告、MV、现场舞台屏幕等。这种动态图形的设计一般称为"Motion Design"或"Motion Graphic Design"。

很显然，界面动画的起源与动态图形不同，要解决的问题也不同。界面动画是图形用户界面的一部分，是图形用户界面上元素的动画。不同于传统动画或MG动画那样基于单一时间线的表达方式，界面动画是基于用户的操作而产生的。它的目的是帮助界面更好地向用户传达信息，能够在用户操作界面时提供合理预期和恰到好处的反馈或者标识出系统当前的状态、辅助用户进行界面操作等。

1.2 界面动画与传统动画

界面动画是一个全新的领域，它不同于以往任何一种动画形式，它是界面设计、传统动画、视觉特效等领域的一个交叉学科。传统动画的媒介作用在界面动画中的体现尤为明显。传统动画历史久远，已经发展出一套完整的体系来表现图形符号的变化。动画原理、运动规律、创作表现手法及创造性的分解与重构运动形态的思想对界面动画、MG动画和特效的创作都有重要的借鉴和指导意义。例如，谷歌在规范中对非对称性形变动画的描述："一个矩形在放大过程中，宽与高的变化并不同步进行，这样能够使动画更具有细节"。显然这样的过程就是对现实世界运动过程的创造性还原和分解，用简单的方式实现了一个形变的效果，如图1-12所示。

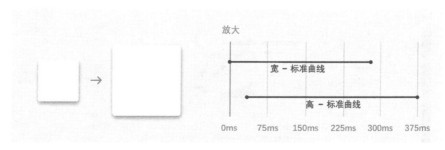

图 1-12

在最新的 Material Design 中也正式引入的"Strech"（拉伸）概念，用拉伸动画来表示界面中高速运动的元素。如图 1-13 所示，小球从 a 点移动到 c 点的过程中会处于拉伸状态。了解动画运动规律的读者会比较熟悉，这是传统动画中常用的"挤压与拉伸"原则。当物体受到力的作用时会产生一定程度的变形，挤压表现为物体形状的压缩，拉伸表现为物体形状的伸长。挤压和拉伸可用于表现物体的速度、动量、重量和体积，使物体看起来有弹性、有质量。

图 1-13

在传统动画中，经常见到角色或道具发生挤压与拉伸的形变，如图 1-14 所示。形变动画特别能体现动画的精髓。毕竟在纸上或屏幕上去表现物体的动态与现实不同，如果只是机械地模仿和还原客观事物的运动形态会让动画变得僵硬、枯燥、缺乏表现力。所以传统动画强调创造性地分解和还原客观事物的运动形态，在动画过程中加入作者的主观动机，挑选重要的瞬间加以适度的夸张和强调，才能够更好地表现受力物体的重量、质感和运动状态。同样，在界面动画中适当加入形变元素，能让界面摆脱机械和僵硬，变得生动，令人印象深刻。图 1-15 所示为 Mac 系统窗口最小化动画，图 1-16 所示为 QQ 下拉刷新动画。

图 1-14

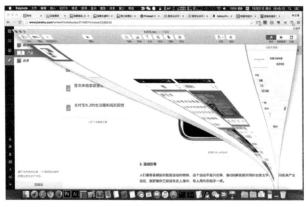

图 1-15

图 1-16

Material Design 也将角色动画引入界面动画中，角色动画的制作更需要对动画运动规律的理解和掌握。传统动画中还有很多原理和技巧可以被借鉴到界面动画中，如预备动作、跟随和重叠动作、次要动作，镜头与景别的用法等。传统动画的重要性正在逐渐显现出来。

然而，很多时候动画基础知识对界面动画的重要性是被忽视的。虽然界面动画产生自产品的需求，但对于动画本身的实现、动画细节的处理、节奏感的控制、关键帧的调整等都需要一定的动画基础。如果对动画运动规律和表现手法一无所知，仅凭想象去做，就会导致动画很奇怪。所以 UI 设计师、个体开发者、产品经理想要了解界面动画，一定要对动画基础知识也有所了解。另外，作为一个新行业，很多企业、公司或个体开发者对界面动画本身不够重视，导致系统、应用、游戏界面动画体验较差。

文中为何没有使用"动效"而使用了"界面动画"一词？虽然"动效"这个词对读者来说会比较熟悉，但是它的含义并不准确。游戏特效的制作人员也将他们的工作称之为"动效"，电影拟声的工作也叫"动效"。在网上搜索"动效"这个词，只有一个相近的词条就是"电影动效"。所以"动效"一词只是一种口头说法，而"界面动画"的描述就比较准确，指用户界面上元素的动态，所以本书中会统一使用"界面动画"一词。

第2章

关于Animate软件

2.1 Animate软件简介

2.2 Animate与其他软件的协作

2.3 Animate制作界面动画的基本流程

2.1 Animate软件简介

Animate 软件的前身是 Flash，它不是被网络淘汰的 FlashPlayer 插件，而是一款优秀的二维动画制作软件。相信从事动画和设计行业的人士都对它比较熟悉，不仅可以用它在时间轴上做关键帧动画，还可以用它强大的脚本语言制作可交互的动画、游戏和应用。另外，它还提供一套完善的跨平台方案，让一个项目轻松输出到多个平台上，同时方便在各种设备上测试动画效果。Animate 输出的程序支持 GPU 加速，可以保证动画在手机、平板电脑等性能较弱的设备上依然保持流畅。Animate 可以输出 mov、mp4、gif、序列帧、sprite 表、纹理集、svg、H5 等多种主流动画格式，方便设计师与工程师对接。Animate 天生就具备 "动画"和 "交互"两种属性，这使它本身就很适合界面动画的制作。

随着近两年界面动画越来越被重视，新生的界面动画制作软件也有很多，如 Hype3、Flinto、Principle 等。虽然用这些软件可以很快速、很轻松地做出一些主流交互动画效果，但是灵活性较差。遇到自定义程度较高的动画效果就很难应付了。Framer.js 在用代码来编写动画方面与 Animate 有点类似，但是从编程角度来说，其效率、灵活性、易用性上都比 Animate 差。

图 2-1 所示是 Animate 软件的快捷图标，图 2-2 所示是软件主界面图。

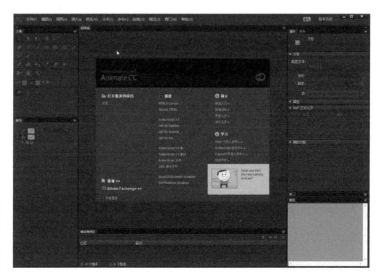

图 2-1   图 2-2

Animate 软件主界面由若干个选项卡窗口视图组成，拖动每个窗口的标题栏即可改变选项卡窗口视图在界面中的位置。首先处于界面中央的是舞台，在舞台上可以用绘图工具绘图，也可以将图片、视频等文件导入舞台，并做移动、变形等处理。默认舞台背景色是白色，舞台大小是 550×400，单位是像素，如果想改变舞台设置，可以用右键单击舞台的任意空白处，在弹出的菜单中选择"文档"，在"文档"菜单中可以设置舞台宽高、背景颜色和帧频等属性。在舞台上有两个形状，一个橙色圆形和一个绿色矩形，如图 2-3 所示。圆形位于矩形的上方，如果想要改变元素的上下层级关系，可以先选中该元素，然后按 Ctrl+↑ 或 Ctrl+↓ 组合键进行调整。除了上述调整元素层级的方法之外，也可以在时间轴中调整层级关系。

图 2-3

时间轴窗口非常重要。界面布局、添加关键帧、补间、调整缓动等操作都在这里完成，如图 2-4 所示。左侧黄色高亮部分是图层，在该时间轴中只有一个图层，并且该图层中只有一帧，单击第 1 帧即可选中该帧处的所有图形。左下角 3 个小按钮依次为"新建图层""新建文件夹""删除"。鼠标单击"新建图层"按钮即可新建一个图层，新建的图层默认处于最上方；鼠标单击"新建文件夹"按钮可以创建一个层文件夹，当时间轴中图层较多时，可以用层文件夹的形式来分类管理；选中某图层，单击"删除"按钮即可删除一个图层。

鼠标单击橙色圆形，按 Ctrl+X 组合键剪切该图形，单击新建图层的第 1 帧，按 Ctrl+Shift+V 组合键原位粘贴该图形，这样橙色圆形与绿色矩形就分别属于上、下两个不同的图层了。双击该图层可以更改名称，鼠标拖动某个图层上下移动即可调整该图层与其他图层的层级关系。图层处于上方的元素对应在舞台上的位置也处于上层。

鼠标单击第 25 帧处，按 F5 键就完成了添加帧的操作，如果帧频是 25 帧/s 的话，整个动画的时长则为 1s，如图 2-5 所示。

图 2-4

图 2-5

工具窗口中集合了常用的绘图、变形、文本、笔刷、骨骼、颜色等工具，如图 2-6 所示，图 2-3 中的圆形与矩形就是用椭圆工具和矩形工具绘制的。

属性面板可以设置舞台上元素的位置、大小、宽高、Alpha 值、颜色等属性，也可以改变该界面元素的混合模式，或者添加一些滤镜效果。

右键单击舞台上的橙色圆形，选择"转换元件"，类型选择"影片剪辑"，然后单击"确定"按钮。鼠标单击该元件，在属性面板中查看属性，然后尝试更改各个属性值，并在舞台上查看元件的状态，如图 2-7 所示。

图 2-6　　　　　　　　　　　　　　　图 2-7

　　库是存放素材的地方，如图 2-8 所示。舞台上所有的元素都可以在库中找到，但是库里可能包含舞台上没有的元素。使用绘图工具绘制的图形元素不会显示在库中，只有将图形元素转换为"图形""影片剪辑"等元件时才会在库中显示。

　　库窗口的左下角 4 个按钮分别为"新建元件""新建文件夹""属性""删除"，用来管理和查看库中存放的素文件。鼠标单击选中库中某文件，再单击左下角第 3 个"属性"按钮，或鼠标右键单击该文件，然后选择"属性"，即可在属性窗口中更改元件相关的属性。

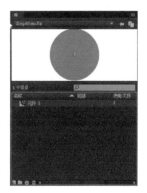

图 2-8

　　输出和编译器错误窗口是在编写程序时常用的两个窗口视图，输出窗口可以帮助检测程序是否正常运行，若编译器错误，面板则会将程序出错的原因显示出来，如图 2-9 和图 2-10 所示。

图 2-9　　　　　　　　　　　　　　　图 2-10

2.2 Animate 与其他软件的协作

每个软件的优势各不相同，对于界面动画来说，Animate 的优势在于快速构建还原度较高的可交互原型，在项目初期体验各个设计和交互的细节。虽然 Animate 可以在时间轴上制作关键帧动画，也基本可以覆盖大部分界面动画类型，但如果界面中需要一些特效动画，Animate 就无法满足了。这时可能需要借助像 After Effects 这样拥有丰富插件和滤镜效果的软件来制作。另外，虽然在 Animate 的舞台上可以很方便地绘图，但是它并非针对 UI 设计来优化的，没有方便设计和排版的功能。虽然有时可能会将某些界面元素重绘成矢量，方便动画制作，但界面本身的绘制还是需要借助 Photoshop 或 Sketch 这些专业的设计软件来完成。各个软件之间是相辅相成、互相合作的关系。下面就简单介绍 Animate 与其他软件结合使用的一些操作。

1. 在 Photoshop 中制作切图并导入 Animate 中

在 Animate 中制作动画所需的素材可以直接在舞台上绘制，也可以从其他设计软件中导出。图 2-11 所示是 Photoshop 图层窗口视图，右键单击相应的图层，选择"快速导出为 PNG"，即可将界面上相应的元素导出为背景透明的 PNG 切图。图 2-12 所示为制作一个界面动画所需的全部切图，其中第一张图片是一张完整的界面效果图，可以用来在布局界面元素时参考位置。

将图片导入 Animate 的方式有两种，你可以直接将图片一起选中然后拖曳到舞台上，或者在顶部菜单中执行"文件"→"导入"→"导入到舞台"或"导入到库"操作。将素材导入库后，可以再把库中的素材拖入舞台上。

图 2-11

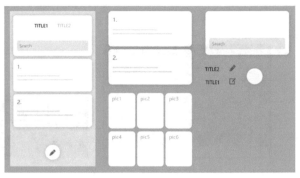

图 2-12

2. 将 After Effects 中的效果导出为序列帧或视频，然后导入 Animate 中

在 After Effects 中制作好动画效果后，鼠标在顶部菜单中执行"合成"→"添加到渲染队列"操作，然后在"渲染队列"窗口中，单击"输出模块"右侧的"无损"，打开"输出模块设置"对话框。如果想要输出透明 PNG 序列，则在格式中选择"PNG 序列"，并在通道一栏选择"RGB+Alpha"，然后单击确定按钮，如图 2-13 所示。返回渲染队列窗口，在"输出到"按钮的右侧指定序列图存放位置，然后单击"渲染"按钮。

在导入序列帧时，首先在顶部菜单中执行"文件"→"导入"→"导入到舞台"操作。此时会弹出"导入"对话框，选择你要导入的序列帧图片的第一张，单击"打开"按钮。Animate 会自动识别图片序列，并弹出如图 2-14 所示的对话框。单击"是"按钮即可完成序列图片的导入。

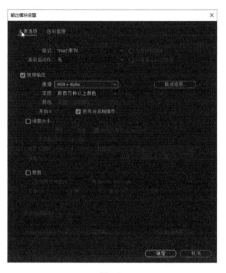

图 2-13

图 2-14

如果想输出 After Effects 中的视频，在"输出模块设置"对话框的格式一栏中选择"QuickTime"，即可导出 mov 格式的视频。然后可以用格式工厂或其他格式转换软件将视频格式转换为 FLV 格式再导入 Animate。

在导入视频文件时，直接将视频文件拖入 Animate 的舞台上，在弹出的"导入视频"对话框中选择"在 SWF 中嵌入 FLV 并在时间轴中播放"，如图 2-15 所示。然后单击"下一步"，如果不需要音频，可以取消勾选，单击"下一步"按钮，再单击"完成"即可。

通常导入的视频文件有黑底，不能直接使用，如图 2-16 所示。

图 2-15

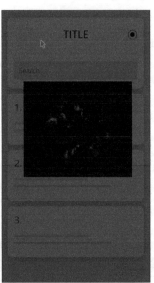

图 2-16

右键单击该视频文件，选择"转换为元件"，将该视频文件转换为影片剪辑元件。然后在舞台上单击选中该影片剪辑，在属性窗口的"显示"一栏中，把混合模式改为"滤色"或"叠加"，如图 2-17 所示。

此时视频的黑底就会被过滤掉，如图 2-18 所示。

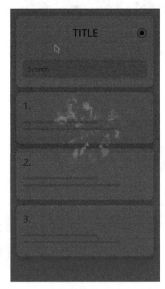

图 2-17

图 2-18

2.3 Animate制作界面动画的基本流程

这节通过一个简单的示例来演示制作界面动画的基本流程，其中会涉及一些基本的编程语法知识和在时间轴制作关键帧动画的技巧。

| 实例 | 按钮切换动画

在做动画之前首先要清楚整个动画过程，例如，这个动画是通过点击顶部 Tab 中的 TITLE1 和 TITLE2 两个按钮来切换两个页面的，在切换页面的同时底部按钮也跟着切换。该动画需要的切图是在 Photoshop 或 Sketch 中完成的，如图 2-19 所示。需要注意的是，可以同时保存一张完整的设计稿图片，方便之后在布局各界面元素时对比位置。

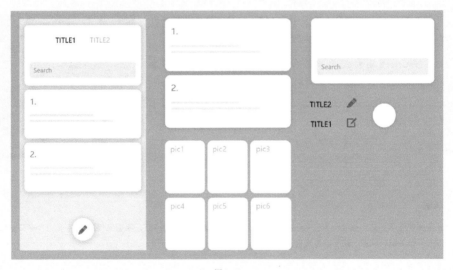

图 2-19

新建一个 Animate 文档，将已切好的图导入舞台，并在舞台上将各个界面元素按设计稿进行布局。打开 Animate 软件，按 Ctrl+N 组合键打开新建文档窗口，选择 ActionScript3.0 文档，如图 2-20 所示。

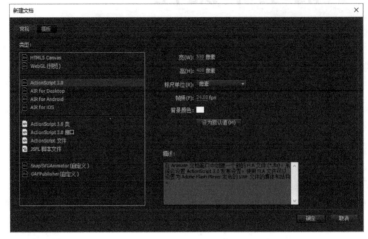

图 2-20

用右键单击舞台空白处，选择"文档"进入文档设置窗口，如图 2-21 所示。将舞台大小设置为 640×1138，舞台背景颜色默认，帧频设置为 60 帧 /s，然后单击"确定"按钮。

按 Ctrl+S 组合键将文档保存在相应位置，并命名为"BtnSwitch"。

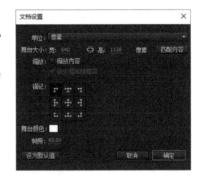

图 2-21

提示

这里需要注意的是，在制作可交互的原型，发布文档为 apk 安装文件时，要求文档的命名不能为中文。如果只是制作时间轴关键帧动画，输出视频文件的话，文档的命名用中文英文皆可。

步骤 02

将之前切好的图直接拖曳到文档的舞台上，或者在顶部菜单中执行"文件"→"导入"→"导入到舞台"或"导入到库"操作。如果选择"导入到库"，则需要再从库中拖曳到舞台上。按照设计稿将各界面元素在舞台上布局好，如图 2-22 所示。在时间轴中调整好各界面元素的层级关系，如图 2-23 所示。

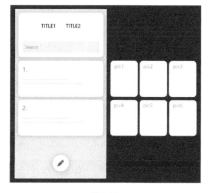

图 2-22

图 2-23

步骤 03

鼠标单击舞台上需要做动画的元素,按 F8 键或在顶部菜单中执行"修改"→"转换为元件"操作,将其转换为"影片剪辑"元件。再次单击转换后的元件,并在属性面板中赋予每个影片剪辑元件实例名,如 TITLE1 的实例名为"title1_mc",如图 2-24 所示。

步骤 04

按 Ctrl+N 组合键打开新建文档窗口,选择 ActionScript3.0 类,类名称命名为"Main",然后将其与 BtnSwitch.fla 文档保存在同一目录下。返回 BtnSwitch.fla 文档中,鼠标单击舞台空白处,在属性窗口的"类"一栏中填入"Main"。这样新创建的类文件 Main 与 BtnSwitch.fla 文档就关联起来了,如图 2-25 所示。

图 2-24   图 2-25

提示

Main.as 是 Animate 的脚本文件,是存放脚本代码的地方。这里会涉及一些基本的代码知识,没有代码基础的读者接触起来可能会比较陌生,但无论哪种编程语言学习起来都有一定的难度。ActionScript3.0 相对于其他编程语言来说更容易理解,很适合作为没有基础的读者学习的第一种编程语言。关于代码的学习方法,在实践中带着问题去学是效率最快的,本书会把每个项目中涉及的基本语法知识一并讲解。

首先来简单看一下 Main.as 里的代码结构。

```
package {

  public class Main   {

    public function Main() {
      // constructor code
    }

  }

}
```

关键字 package 是"包"的意思，可以简单理解为类文件所在文件夹的名字。Main 文件一般与 fla 文件都在根目录下，所以关键字 package 后面不用跟路径名。如果还有其他类文件不与 fla 文件在一个目录下，那么这些类文件的 package 后面就要跟路径名。例如，在一个名为"ui"的文件夹中有一个名为"Ball"的类文件，那么这个 Ball 类中的代码应该是如下所示，注意 package 后面的路径名"ui"。

```
package ui {

  public class Main   {

    public function Main() {
      // constructor code
    }

  }

}
```

在 package 的内部分别是类的主体和类的构造函数，它们的名称与文件名称都是"Main"。通常类的主体必须要继承 Spirte 或 MovieClip 类。每个类都包含一个构造函数，构造函数在该对象被加载到舞台时会默认执行一次，所以一般在构造函数中做界面元素状态初始化工作。

```
public class Main   {
  public function Main() {
    // constructor code
  }

}
```

一般在包与类之间导入系统或第三方的类库，在构造函数和类之间声明变量，自定义的方法写在类的内部与构造函数并列。

```
package ui {
    //导入外部包
    import flash.display.MovieClip;
    public class Ball extends MovieClip{
        //声明变量
        private var velocity:Number=0;
        public function Ball () {
            // 构造函数
        }
            private function rolling():void{
            //这是自定义的方法
        }
    }

}
```

步骤 05

编写代码，让界面元素动起来。首先声明变量，获得舞台上有实例名的影片剪辑元件，并做初始化，代码为黄色标记部分。

```
package  {

    import flash.display.MovieClip;

    public class Main extends MovieClip {
        //声明变量
        private var title1:MovieClip;
        private var title2:MovieClip;
        private var page:MovieClip;
        private var tool:MovieClip;

        public function Main() {

            //获得舞台上相应的元件
            title1=title1_mc;
            title2=title2_mc;
            page=page_mc;
            tool=tool_mc;

            //初始化
```

```
        title2.alpha=0.4;

    }


  }

}
```

<u>步骤 06</u>

给 title1,title2 添加鼠标单击事件，并定义鼠标单击方法。

```
package {

  import flash.display.MovieClip;

  public class Main extends MovieClip {

    private var title1:MovieClip;
    private var title2:MovieClip;
    private var page:MovieClip;
    private var tool:MovieClip;

    public function Main() {

      title1=title1_mc;
      title2=title2_mc;
      page=page_mc;
      tool=tool_mc;

      //初始化
      title2.alpha=0.4;

      //添加鼠标单击事件
      title1.addEventListener(MouseEvent.CLICK,onClick);
      title2.addEventListener(MouseEvent.CLICK,onClick);
    }
    private function onClick(event:MouseEvent):void{

      //声明一个字符串变量来获取当前被点击的对象
      var currentTitle:String=event.target.name;
      //一个简单的流控制，跟据单击的对象来执行相应的内容
      if(currentTitle=="title1_mc"){
```

```
        title1.alpha=1;

        title2.alpha=0.4;

        //跳转到page1

    }else if(currentTitle=="title2_mc"){

        title1.alpha=0.4;

        title2.alpha=1;

        //跳转到page2

        }

    }

}
```

步骤 07

自定义两个方法 gotoPage1()、gotoPage2()。在编写这两个方法之前先引入一个第三方动画库 greensock。这个库可以帮助你很方便地用代码编写动画。将 greensock 的文件夹复制到项目文件夹中，与 Main.as 放在同一个目录下。在包与类之间引入这个动画类库，然后编写上述两个方法，并将方法名写在鼠标单击的方法中。

```
package  {

    import flash.display.MovieClip;
    import flash.events.MouseEvent;
    import com.greensock.TweenMax;
    import com.greensock.easing.Quart;

    public class Main extends MovieClip {

        private var title1:MovieClip;
        private var title2:MovieClip;
        private var page:MovieClip;
        private var tool:MovieClip;

        public function Main() {
            title1=title1_mc;
            title2=title2_mc;
            page=page_mc;
            tool=tool_mc;
            //初始化
```

```
        title2.alpha=0.4;
        //
        title1.addEventListener(MouseEvent.CLICK,onClick);
        title2.addEventListener(MouseEvent.CLICK,onClick);
    }
    private function onClick(event:MouseEvent):void{

        //声明一个字符串变量来获取当前被点击的对象
        var currentTitle:String=event.target.name;
        //一个简单的流控制，根据单击的对象来执行相应的内容
        if(currentTitle=="title1_mc"){
            title1.alpha=1;
            title2.alpha=0.4;
            //去到page1
            gotoPage1()
        }else if(currentTitle=="title2_mc"){
            title1.alpha=0.4;
            title2.alpha=1;
            //去到page2
            gotoPage2()
        }

    }
    private function gotoPage1(time:Number=0.26):void{
        //翻页只是page元件横坐标的变化
        TweenMax.to(page,time,{x:0,ease:Quart.easeInOut});
    }
    private function gotoPage2(time:Number=0.26):void{
        TweenMax.to(page,time,{x:-640,ease:Quart.easeInOut});

    }

    }
}
```

步骤 08

　　按钮的变化用关键帧动画的方法来制作，在获得较好的动画效果的同时还能减少代码量。

　　（1）双击舞台上的按钮元件进入按钮内部，将铅笔图标、编辑图标、圆形底这 3 个元素的图层安排好，分别调整他们在舞台上的相应位置并转换为图形元件。

　　（2）在第 60 帧处按 F5 键插入帧。

　　（3）在铅笔图标所在图层的第 15 帧、第 40 帧、第 60 帧处，分别按 F6 键插入关键帧，将第 15 帧、第 40 帧处的铅笔图标向左旋转 90 度，并在属性面板中将 alpha 值调为 0。然后分别在第 1 帧与第 15 帧之间，以及第 40 帧与第 60 帧之间右键单击并选择"创建传统补间"。

（4）鼠标单击选中编辑图标所在图层的第 1 帧并将其拖动至第 10 帧，将 alpha 值调为 0，然后在第 30 帧和第 45 帧处添加两个关键帧。将第 30 帧处的编辑图标的 alpha 值调为 1。将第 10 帧与第 45 帧处的图标向右旋转 90 度。在第 10 帧与第 30 帧之间、第 30 帧与第 45 帧之间创建传统补间。

（5）单击上面创建的补间，分别在属性面板"缓动"一栏中给每段补间添加缓动，这一步非常重要，添加完毕后按"Enter"键查看动画效果，如图 2-26 所示。

图 2-26

（6）新建一个图层命名为"as"，分别在第 1 帧、第 30 帧处按 F9 键添加动作代码：

"stop()"。

步骤 09

在 Main.as 类文件的 gotoPage1()、gotoPage2() 方法中分别添加两句代码如下面黄色代码所示，表示翻页的时候按钮也跟着做相应的变化。

```
package {

  import flash.display.MovieClip;
  import flash.events.MouseEvent;
  import com.greensock.TweenMax;
  import com.greensock.easing.Quart;

  public class Main extends MovieClip {

    private var title1:MovieClip;
    private var title2:MovieClip;
    private var page:MovieClip;
    private var tool:MovieClip;
```

```actionscript
public function Main() {
    title1=title1_mc;
    title2=title2_mc;
    page=page_mc;
    tool=tool_mc;
    //初始化
    title2.alpha=0.4;
    //
    title1.addEventListener(MouseEvent.CLICK,onClick);
    title2.addEventListener(MouseEvent.CLICK,onClick);
}
private function onClick(event:MouseEvent):void{
    //声明一个字符串变量来获取当前被点击的对象
    var currentTitle:String=event.target.name;
    //一个简单的流控制，根据单击的对象来执行相应的内容
    if(currentTitle=="title1_mc"){
        title1.alpha=1;
        title2.alpha=0.4;
        //去到page1
        gotoPage1();

    }else if(currentTitle=="title2_mc"){
        title1.alpha=0.4;
        title2.alpha=1;
        //去到page2
        gotoPage2();

    }

}
private function gotoPage1(time:Number=0.26):void{
    //翻页只是page元件横坐标的变化
    TweenMax.to(page,time,{x:0,ease:Quart.easeInOut});
    tool.gotoAndStop(30);
    tool.gotoAndPlay(30);
}
private function gotoPage2(time:Number=0.26):void{

    TweenMax.to(page,time,{x:-640,ease:Quart.easeInOut});
    tool.gotoAndStop(1);
    tool.gotoAndPlay(1);
}


}


}
```

步骤 10

在最终的代码里还做了一些其他简单的处理，例如，新建了一个布尔值变量"clickBoo"，使在动画过程中单击 title 无效化，这样可以避免频繁单击出现错误。还有如果当前已经处于 title1 的页面，那么再单击 title1 程序不做任何处理。最终的完整代码如下所示，返回 BtnSwitch.fla 文档中，按 Ctrl+Enter 组合键，测试影片效果。

```
package  {

    import flash.display.MovieClip;
    //
    import com.greensock.TweenMax;
    import com.greensock.easing.Quart;
    import flash.events.MouseEvent;
    public class Main extends MovieClip {

        private var title1:MovieClip;
        private var title2:MovieClip;
        private var page:MovieClip;
        private var tool:MovieClip;
        private var currentState:String;
        private var clickBoo:Boolean;
        public function Main() {

            title1=title1_mc;
            title2=title2_mc;
            page=page_mc;
            tool=tool_mc;
            //初始化
            title2.alpha=0.4;
            currentState="page1";
            //添加监听
            title1.addEventListener(MouseEvent.CLICK,onClick);
            title2.addEventListener(MouseEvent.CLICK,onClick);
        }
        private function onClick(event:MouseEvent):void{
            if(clickBoo==true)return;
            var currentTitle:String=event.target.name;
            if(currentTitle=="title1_mc"&&currentState!="page1"){
                gotoPage1();
                title1.alpha=1;
                title2.alpha=0.4;
            }else if(currentTitle=="title2_mc"&&currentState!="page2"){
                gotoPage2();
                title1.alpha=0.4;
```

```
            title2.alpha=1;
        }
    }
    private function gotoPage1(time:Number=0.26):void{
        currentState="page1";
        clickBoo=true;
        TweenMax.to(page,time,{x:0,ease:Quart.easeInOut,onComplete:
        function finish(){
            clickBoo=false;
        }});
        tool.gotoAndStop(30);
        tool.gotoAndPlay(30);
    }
    private function gotoPage2(time:Number=0.26):void{
        currentState="page2";
        clickBoo=true;
        TweenMax.to(page,time,{x:−640,ease:Quart.easeInOut,onComplete:
        function finish(){
            clickBoo=false;
        }});
        tool.gotoAndStop(1);
        tool.gotoAndPlay(1);
    }
  }
}
```

第 3 章

界面动画中的时间

3.1 驱动界面动画的内在机制

无论是何种形式的动画，它的构成都离不开 3 个基本要素：造型符号、运动状态和维系两者的内在机制。对于界面动画来说，造型符号就是界面（UI）元素，运动状态就是在用户操作的前提下，界面元素发生的一系列动态变化。维系两者的内在机制就是手机或计算机的图像显示原理，如同动画或电影以 25 帧 /s 的速度播放一系列图片一样，手机或计算机屏幕上的图像也在以一定的速率刷新着。

人类对外部世界的感知反馈时间大约是 100ms，在图像刷新的过程中，如果两张或多张图像出现在了一次对外界的感知过程中，那么他们看起来就像是融合了一样，而不只是一系列静止的图像，这种现象叫作感知融合。所以当刷新率为 10 帧 /s 时 (100ms 的循环时间 =10 帧 /s)，就基本可以给人运动的感觉，20 帧 /s 时会感觉更好，30 帧 /s 时就会感觉流畅。当刷新率提升到 60 帧 /s 时，也就是图片每隔大约 16ms 更新一次时，人眼就很难察觉到微小的闪烁了，图像看起来会非常连贯，所以手机上图像的刷新率通常为 60 帧 /s。市场上也有一些手机或移动设备采用了更高的刷新率，达到了 120 帧 /s 的刷新率，追求极致的视觉体验和流畅操作体验的背后是对手机性能更高的要求。图 3-1 所示为系统图像显示的底层原理示意图，它形象地描述了手机在 16ms 的时间里都做了哪些工作。

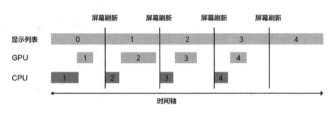

图 3-1

首先是 CPU 将图像计算成多边形，然后 GPU 渲染出颜色，如果一个设备的分辨率是 1080 像素 ×2160 像素，那么每一帧图像就有 2 332 800 个像素，每个像素又有 3 个颜色单元，那么每一帧将会有 2 332 800×3（将近 700 万）个颜色单元进行更新，颜色渲染完毕后屏幕显示出图像。可见 GPU 要承担很大的工作量，但是对于静止的图像还是有一些优化方案的，以 Android 系统为例，通常情况下 Android 系统需要将布局文件转换成 GPU 可以识别的绘制对象，而这些绘制对象被存放到显示列表的数组中。当 View 第一次绘制的时候显示列表被创建，View 第二次绘制的时候 GPU 就直接从显示列表获取绘制对象，省去了画面重绘的时间。但如果有了动画内容，情况就不一样了，以小球移动动画为例，图 3-2 所示的小黄球在从 a 点移动到 f 点的过程中，每隔 16ms 它的位置都会发生变化，也就是说在小球运动的过程中画面的内容在不断改变，这使手机必须不断重绘，显示列表也会被重新创建。所以动画内容是非常考验性能的。虽然现在的手机或计算机的 CPU、GPU 都足够强大，对于一般的界面动画都没有太大的压力，但是界面动画依然不能滥用，过度使用动画不仅影响体验，也是对系统资源的巨大浪费。

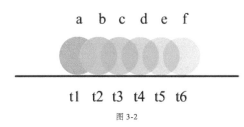

图 3-2

3.2 时间在界面动画中的作用

强大的图像显示刷新机制使界面动画成为可能。界面动画就是在一个重构的立体空间中，通过对时间合理的分配将界面元素的状态变化按照一定节奏表现出来，从而更好地将信息传达给用户的一种方式。其中，时间是界面动画中非常重要的组成内容，一切元素的动态变化都是在时间中展开与安排的。这里所说的时间不仅包括一段动画用去的总时间，还包括动画的延迟时间与时间分配。总时间描述一段动画的长短，延续时间让多个动画之间层次分明，更好地认识和分配时间可以帮助我们创造出快与慢、加速与减速、连续与停顿等不同的节奏，不同的节奏结合不同的形态变化又会传达出元素本身的运动状态、受力情况、质感等信息。例如，小球每隔一定的时间移动的距离是相等的，那么小球的移动就是匀速的，如图 3-3 所示。如果稍微调整下小球的位置变化，小球的移动则如图 3-4 所示。

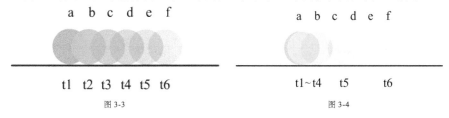

图 3-3   图 3-4

从图 3-4 中可以看出小球的位移量在初始阶段变化较小，之后位移变化量逐渐增大。对比匀速运动的小球，到达 b 点用了 3 帧。相当于给小球的初始阶段分配了更多的时间，所以这个动画的初始阶段比较缓慢，动画细节丰富，是个加速移动的过程。像这样主观地去设计时间并结合元素本身形态或属性的变化营造出快慢节奏就是时间分配。通过对时间进行设计分配，可以更好地还原现实世界物体的运动规律，图 3-5 所示为经典的小球弹跳动画。

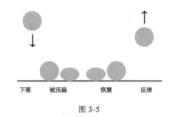

图 3-5

合理的时间分配还原了小球坠落又弹起的运动状态，结合小球本身的形变动画还能感受到小球的材质。小球与地面碰撞时发生的形变越小，小球的刚性越强。读者可以试着用动画来表现橡皮小球、木质小球、铁质小球的弹跳动画。

结合小球弹跳的例子，如果从动画的角度来看，造型符号或者说界面元素本身并不限于立体或抽象，拟物或扁平风格，因为运动方式可以弥补造型符号的缺陷和不足。

3.3 界面动画中常见的时间分配类型及应用

传统动画中常见的时间分配方式有匀速、加速、减速、超快超慢。类似地，在界面动画中常用的时间分配有匀速、加速、减速、先加速再减速，对应到英文分别为 Ease None、Ease、In、Ease Out、Ease In Out。

虽然现实世界物体的运动是复杂的，但是我们可以将一段完整的动作分解成一系列相关的运动片段。这些片段可能都是比较简单的运动过程，例如，小球弹跳动画中的加速下落过程、与地面接触并挤压发生形变的减速过程、与地面接触但正在恢复原状的加速过程、返回空中后的减速过程，将这些片段有机地组织排列起来，最终就能以动画的形式将物体的运动还原出来。无论是界面动画还是传统动画，在做动画之前首先都要对运动过程进行分析。界面动画相对于传统动画来说可能更加抽象，更加偏向实用，所以界面元素要做何种的运动一方面要向现实中物体的运动借鉴参考，另一方面也要结合动画本身的特点、需求和表意。综合考虑后，就可以将上述的几种时间分配方式应用于一些常见的场景。

3.3.1　Ease In　加速缓动

　　应用了加速缓动的动画，在开始阶段，元素的属性变化较慢，细节丰富，随后属性变化幅度逐渐增大。如果小球从 a 点加速移动到 f 点，则移动轨迹如图 3-6 所示。

　　如果用位移 - 时间曲线来描述小球的运动状态，则如图 3-7 所示，其中横轴代表时间（单位：帧），纵轴代表位移变化量（增量百分比）。

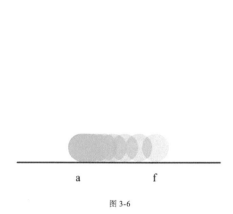

图 3-6

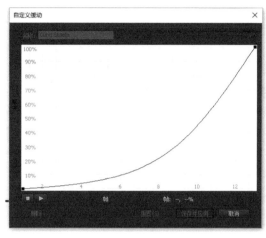

图 3-7

　　加速类型的缓动通常应用在从界面中消失的元素上，并且该元素消失后不能通过自主操作令其出现。消失的方式可以是通过移动离开屏幕或是 alpha、scale 值逐渐衰减为 0 等多种方式。

提示

图 3-7 中的面板是 Animate 中的缓动编辑面板，其中的曲线反映了动画中某元素的运动状态。如何理解这个曲线表达的含义。如图 3-8 所示，在横轴上找两段相邻的时间 t1、t2，并且它们的时间相等。通过做辅助线分别得到它们在纵轴上对应的两段区域，分别为 y1、y2，由于纵轴代表属性的变化量，所以从图中可以明显看出 y2>y1。说明经过相同的时间，元素属性的变化量增大了，所以这条曲线描述的是一个加速的运动。

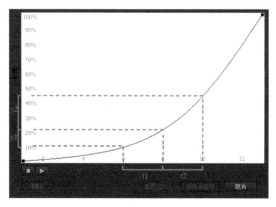

图 3-8

| 实例 | 挂断电话

这里有一个简化的通话界面，如图 3-9 所示。如果此时点击了挂断按钮通话就会中断，整个通话界面会消失并回到通话之前的界面，那么消失动画是怎样的，通话界面上各个元素又是如何消失的。

China Mobile
1008686
00:30

扫码看效果展示

图 3-9

先从头像开始考虑，一般界面中某个元素的出现和消失动画是相对应的。如果给头像的消失过程设计一个动画，那一般与它本身出现的动画方式相同，过程相反。假设拨打电话时头像的出现是从屏幕顶部落下，那么挂断电话时头像应该是从顶部飞出的，并且头像飞出屏幕后整个界面都会消失，是长久的离开屏幕，符合加速缓动的使用场景，所以头像飞出动画使用 Ease In 类型的缓动。为了保证动画的高效和简洁，界面中其他元素的消失动画定为透明度属性从 1 递减到 0。

新建一个 Animate 文档，命名为"HangUp"。将动画需要的切图导入舞台，并在舞台上按设计稿布局各界面元素，注意在时间轴中调整各元素的层级关系。最后将需要做动画的界面元素，如头像、文字信息、时间、挂断按钮等转换为影片剪辑或图形元件，如图 3-10 所示。

在第 210 帧处按 F5 键，给文档添加帧，添加的帧数决定了文档的时间长短，在 60 帧 /s 的帧频下，210 帧的动画时间长短为 3.5s。在"head"头像一层的第 145 帧与第 155 帧处分别按 F6 添加关键帧。调整第 155 帧处头像在舞台上的位置，单击选中该头像元件，在属性面板的"位置和大小"一栏中将"y"坐标值改为 −127.5。最终头像元件位于舞台顶部边界之外，如图 3-11 所示。

图 3-10 图 3-11

在"head"头像一层的第 145 帧与第 155 帧之间右键单击，然后选择"创建传统补间"命令，此时会在两个关键帧中间出现黑色长箭头并有蓝色衬底的背景，按 Enter 键测试动画，会发现头像有了动画效果。确认无误后单击该补间，在属性面板的"补间"一栏中单击"Classic Ease"为补间添加缓动，如图 3-12 所示。然后依次选择 Ease In、Quart，如图 3-13 所示。

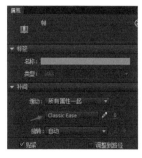

图 3-12 图 3-13

除了添加内置的经典缓动外，也可以给补间添加自定义缓动类型。在属性面板的"补间"一栏中单击小铅笔图标会打开缓动编辑窗口，如图 3-14 所示。

在默认情况下，调整曲线是一条直线，如图 3-15 所示。代表此时的运动是匀速，分别单击红色箭头所指的两个黑色矩形会显示相应的控制柄。拖动控制柄就可以调整曲线的形状，如图 3-16 所示。

图 3-14

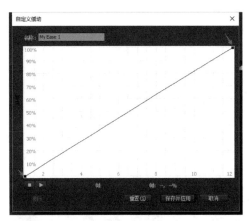

图 3-15

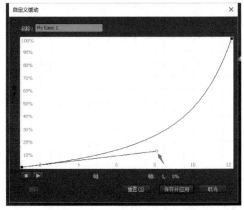

图 3-16

这条曲线是一条三次贝塞尔曲线，它有两个控制点，也就是调整曲线形状的两个控制柄，控制点的改变会导致曲线的形状发生改变。根据曲线所代表含义，当把曲线调成图 3-16 中向下凹的形状时，运动会呈现加速趋势。无论是在 Animate 还是在 AE 中调整曲线的原理都是相同的。

步骤 03

按照步骤 02 的方式给其他元素添加消失动画和缓动，因为都是消失动画，所以缓动类型相同。需要注意的是，背景给了消失动画相对较长的时间，并且用了 Ease In Out 类型的缓动，使界面背景的消失显得柔和一些，当然也可以统一使用 Ease In 缓动。背景消失动画延迟 6 帧，这是因为如果背景的消失与其他元素同步进行并且时间相同，会出现背景与当前界面元素还未完全消失时就露出了底部背景的情况，显得界面很乱，图 3-17 所示的这种情况还是尽量避免。

因为是纯动画，所以做了一个波纹扩散的效果，代表手指点击了挂断按钮，该效果在时间轴中位于最上层，命名为"Wave"。最终时间轴中有动画部分的帧分布情况如图 3-18 所示。

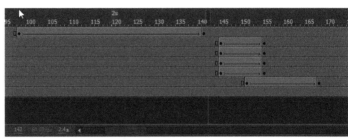

图 3-17   图 3-18

步骤 04

按 Ctrl+Enter 组合键测试影片，确认动画效果无误后，单击顶部菜单中的"文件"，执行"导出"→"导出视频"操作，打开导出视频对话框，如图 3-19 所示。单击导出按钮完成视频的输出。

图 3-19

经过上面的操作，读者应该对在时间轴中做关键帧动画有了大致的了解，同时也了解了如何添加自定义缓动和调整运动曲线的原理。但是与 AE 类似，这种方式只能导出在手机上观看的视频格式的文件，并不能进行操作。接下来将动画改造成可交互原型。

步骤 01

与做时间轴动画的步骤 01 基本一致，新建 Animate 文档，命名为"HangUp"。导入切图并布局好，调整各元素层级关系。唯一不同的是，所有有动作的元素必须要转换为影片剪辑，这是为了在脚本文档中调用舞台上的元素。

步骤 02

按 Ctrl+N 组合键，新建一个"ActionScript3.0 类文档"，命称为"Main"，并将该类文档与"HangUp.fla"保存在同一目录下。打开 HangUp.fla 文档，在属性面板的"发布"一栏的类处填写"Main"，完成 fla 文档与 Main.as 文件的关联。

步骤 03

将 greensock 工具类的文件夹复制到 HangUp.fla 文件所在的目录下，最终项目文件夹中的内容如图 3-20 所示。

名称	修改日期	类型	大小
com	2018/7/7 18:59	文件夹	
HangUp.fla	2018/7/7 19:00	Animate 文档	265 KB
HangUp.swf	2018/7/7 19:00	SWF 文件	77 KB
Main.as	2018/7/6 12:18	Animate ActionS...	2 KB

图 3-20

步骤 04

获取舞台上的影片剪辑元件，并给挂断按钮添加按下、抬起事件，此处没有简单地添加点击事件是因为挂断按钮在手指按下时有一个二态的反馈，这里的二态就简单地设置为按钮上层蒙上一层透明度为 8% 的纯黑，代码如下。

```
package {
  import flash.display.MovieClip;
  import flash.events.MouseEvent;

  public class Main extends MovieClip {

    private var head:MovieClip;
    private var words:MovieClip;
    private var timeCount:MovieClip;
    private var hangUp:MovieClip;
    private var colorBg:MovieClip;
    private var clickBoo:Boolean;
    public function Main() {
      head=head_mc;
      words=words_mc;
```

```
    timeCount=timeCount_mc;
    hangUp=hangUp_mc;
    colorBg=colorBg_mc;
    clickBoo=true;

    hangUp.addEventListener(MouseEvent.MOUSE_DOWN,onDown);
    colorBg.addEventListener(MouseEvent.CLICK,onClick);
}
private function onDown(event:MouseEvent):void{
    stage.addEventListener(MouseEvent.MOUSE_UP,onUp);

    //按下事件
    //手指按下时按钮变黑
    hangUp.gotoAndStop(2)
}
private function onUp(event:MouseEvent):void{
    stage.removeEventListener(MouseEvent.MOUSE_UP,onUp);

    //抬起事件
    //手指松开时按钮恢复
    hangUp.gotoAndStop(1)
}

}
}
```

　　按钮二态的制作只是将挂断按钮的元件内部稍微改造了一下，图 3-21 是按钮内部的情况。

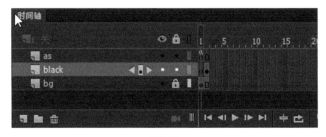

图 3-21

　　最上面 "as" 一层的第一帧写有一句代码 "stop();"，程序运行时会让元件停止在第一帧，最下面 bg 一层存放按钮的切图，中间一层是透明度为 8% 的黑，只在第二帧显示。最终效果就是只要播放头停在第二帧，按钮就会变黑，这样就完成了按钮二态的制作。

　　自定义挂断电话的方法，主要的动画内容在此方法中完成，包括头像的上移，其他元素的消失等，时间和移动距离等参数可以参考之前的关键帧动画，方法内容如下。

```
private function hangUpTheCall():void{
    TweenMax.to(head,0.14,{y:-137,ease:Quart.easeIn});
    TweenMax.to(words,0.14,{alpha:0,ease:Quart.easeIn});
    TweenMax.to(hangUp,0.14,{alpha:0,visible:false,ease:Quart.easeIn});
    TweenMax.to(timeCount,0.14,{alpha:0,ease:Quart.easeIn});
    TweenMax.to(colorBg,0.26,{alpha:0,delay:0.1,ease:Sine.easeInOut});
}
```

　　考虑到可交互原型的反复操作性，可以在通话界面完全消失后，通过点击背景界面将可交互原型重置到最初状态，这样就可以反复查看动画效果。这里需要给背景添加点击事件，并定义重置方法。单击背景重置的操作并非是真实开发时会有的动画，只是为了方便操作，所以只是添加点击方法即可，不用考虑二态，代码如下。

```
colorBg.addEventListener(MouseEvent.CLICK,onClick);
private function onClick(event:MouseEvent):void{

    reset();

}
private function reset():void{

    head.y=172.85;
    timeCount.alpha=1;
    timeCount.gotoAndPlay(1);
    hangUp.visible=true;
    hangUp.alpha=1;
    colorBg.alpha=1;
    words.alpha=1;
    clickBoo=true;

}
```

　　设置一个布尔值clickBoo，让背景在一开始和动画中都不可点。这样可以避免频繁操作带来的问题，最终代码如下。

```
package  {
    import flash.display.MovieClip;
    import flash.events.MouseEvent;
    import com.greensock.TweenMax;
    import com.greensock.easing.Cubic;
    import com.greensock.easing.Back;
    import com.greensock.easing.Sine;
    import com.greensock.easing.Circ;
    import com.greensock.easing.Expo;
    import com.greensock.easing.Quart;

    public class Main extends MovieClip {
        private var head:MovieClip;
        private var words:MovieClip;
        private var timeCount:MovieClip;
        private var hangUp:MovieClip;
        private var colorBg:MovieClip;
        private var clickBoo:Boolean;
        public function Main() {
            head=head_mc;
            words=words_mc;
            timeCount=timeCount_mc;
            hangUp=hangUp_mc;
            colorBg=colorBg_mc;
            clickBoo=true;

            hangUp.addEventListener(MouseEvent.MOUSE_DOWN,onDown);
            colorBg.addEventListener(MouseEvent.CLICK,onClick);
        }
        private function onDown(event:MouseEvent):void{
            stage.addEventListener(MouseEvent.MOUSE_UP,onUp);
            hangUp.gotoAndStop(2);

        }
        private function onUp(event:MouseEvent):void{
            stage.removeEventListener(MouseEvent.MOUSE_UP,onUp);
            hangUp.gotoAndStop(1);
            //
            hangUpTheCall();

        }
        private function onClick(event:MouseEvent):void{
            if(clickBoo==true)return;
            clickBoo=true;
            reset();
```

```
    }
    private function hangUpTheCall():void{
        TweenMax.to(head,0.14,{y:−137,ease:Quart.easeIn});
        TweenMax.to(words,0.14,{alpha:0,ease:Quart.easeIn});
        TweenMax.to(hangUp,0.14,{alpha:0,visible:false,ease:Quart.easeIn});
        TweenMax.to(timeCount,0.14,{alpha:0,ease:Quart.easeIn});
        TweenMax.to(colorBg,0.26,{alpha:0,delay:0.1,ease:Sine.easeInOut,onComplete:
        function onFinish():void{clickBoo=false;

        }});
    }
    private function reset():void{

        head.y=172.85;
        timeCount.alpha=1;
        timeCount.gotoAndPlay(1);
        hangUp.visible=true;
        hangUp.alpha=1;
        colorBg.alpha=1;
        words.alpha=1;
        clickBoo=true;
    }
    }
}
```

按 Ctrl+Enter 组合键测试影片，确认无误后将影片导出为安卓的安装文件。

提示

想要将动画打包为 apk 文件，需要先创建一个自签名数字证书，并且该证书只用于创建测试用的安装文件。返回 HangUp.fla 文档中，在发布一栏内，单击"目标"一项，选择"AIR 26.0 for Android"，如图 3-22 所示。

图 3-22

在顶部菜单中执行“文件”→“AIR 26.0 for Android”→“部署”→“创建操作”，打开创建自签名的数字证书窗口，如图 3-23 所示。依次填入信息单击“确定”按钮即可。

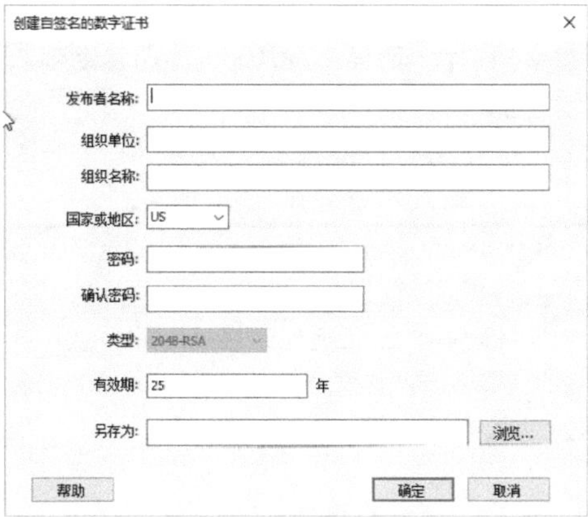
创建自签名的数字证书
发布者名称:
组织单位:
组织名称:
国家或地区:
US
密码:
确认密码:
类型:
2048-RSA
有效期:
25
年
另存为:
浏览...
帮助
确定
取消

图 3-23

步骤 08

有了自签名证书后就可以发布 apk 文件了，在发布之前，还需要进行一些设置。在 AIR forAndroid 设置窗口的常规选项卡中，填入一些信息，首先是输出文件、应用程序名称，这两项可以生成 apk 文件的名称，这里填入“挂断”，高宽比一项中选择纵向、底下勾选全屏。如果选择横向，进入程序后，界面自动进入横屏模式，可以根据手机的姿态自动调整界面横竖屏状态。渲染模式选择 GPU，这一项可以保证可交互原型充分利用手机 GPU 的性能，保证动画的流畅。处理器选择 ARM，这是因为市场上绝大部分手机的处理器都是 ARM 架构的，如果碰到了 x86 架构的手机，这里就勾选 x86。另外也可以在图表选项卡中指定图标图片。

设置完毕后单击发布按钮，就可以在文件夹中找到刚生成的 apk 文件，如图 3-24 所示。现在可以装入手机中进行测试了。

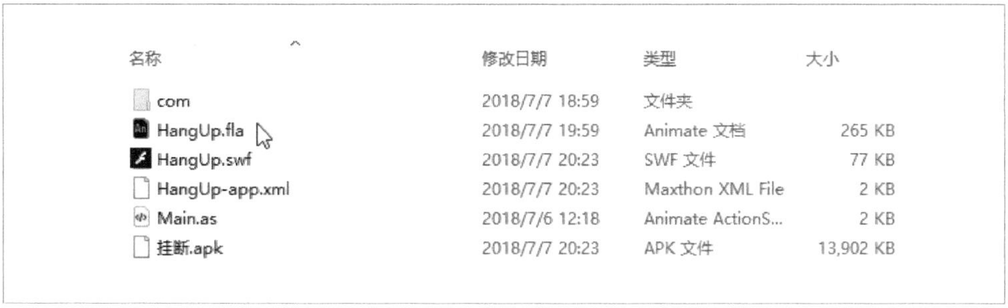
名称
修改日期
类型
大小
com
2018/7/7 18:59
文件夹
HangUp.fla
2018/7/7 19:59
Animate 文档
265 KB
HangUp.swf
2018/7/7 20:23
SWF 文件
77 KB
HangUp-app.xml
2018/7/7 20:23
Maxthon XML File
2 KB
Main.as
2018/7/6 12:18
Animate ActionS...
2 KB
挂断.apk
2018/7/7 20:23
APK 文件
13,902 KB

图 3-24

3.3.2 Ease Out 减速缓动

应用了减速类型缓动的动画，在开始阶段元素的属性变化较快，细节较少，随后属性变化幅度越来越小，细节越来越丰富。如果小球从 a 点加速移动到 f 点，则移动轨迹如图 3-25 所示。

图 3-25

用曲线图来描述小球运动状态，如图 3-26 所示。

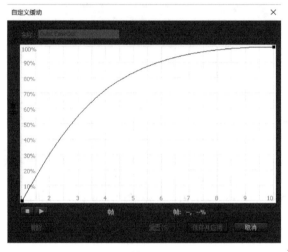

图 3-26

读者可以用分析加速曲线中位移变化量随时间变化的原理来分析一下减速曲线，看看位移变化量是不是随时间增加而减小的。同样在给一段动画添加缓动时，除了可以选择自带经典风格缓动，也可以通过拖曳曲线控制柄来自定义减速缓动，只需要将曲线调整到如图 3-26 所示的凸起的形状。

减速缓动通常用在元素从屏幕外移动进入屏幕内的情况，想想如果是一辆汽车从屏幕外驶入屏幕内时，是不是也要逐渐减速停止。类似地，这种类型的缓动也可以扩展到其他在屏幕上出现的动画形式，如透明度大小从 0 逐渐递增到 1。在 3.3.1 节的实例中，挂断电话时头像是向上移动离开屏幕的，那么相应地，当用户拨打电话时，头像应该是从屏幕顶部向下移动至屏幕上，这个动画刚好符合 Ease Out 类型缓动使用的场景。

｜实例｜ 拨打电话

本节的例子直接在 3.3.1 节例子的基础上修改，也就是将挂断电话的可交互原型继续完善，增加拨打电话的过程。在拨打电话的过程中，涉及多个界面元素的出现动画并且都会用到 Ease Out 类型的缓动，如头像的出现、文字的出现、挂断按钮的出现等。

步骤01

新建一个项目文件夹，将挂断电话项目中的 HangUp.fla 文件、greensock 缓动类文件夹"com"和 Main.as 文件复制过来。为了区别之前的项目，将 HangUp.fla 改名为 Call.fla。然后在舞台上做初始化工作，将头像移到屏幕顶部之外，将界面其他元素的透明度设置为 0，如图 3-27 所示。

步骤02

拨打电话有两种方式，一种是通过拨号盘输入号码拨号，另一种是点击已有的通话记录进行拨号。这里选择第二种，点击通话记录拨号，即点击图 3-28 中箭头所指的那条通话记录完成拨号。

图 3-27

图 3-28

打开 Call.fla 文件，在时间轴中添加一个名为"callbtn"的新图层，在这一层中制作一个按钮元件，命名为"callBtn_mc"。大小形状均与要点击的通话记录相同，但是透明度为 0。然后参考挂断电话可交互原型中制作挂断按钮二态的方式来制作该按钮的二态。

步骤 03

在脚本文档 Main 中获取 callBtn_mc 元件，并为该元件添加按下与松开事件的监听器，同时将挂断按钮缩小到原大小的 0.8 倍，代码如下。

```
private var callBtn:MovieClip;
callBtn=callBtn_mc;
hangUp.scaleX=hangUp.scaleY=0.8;
callBtn.addEventListener(MouseEvent.MOUSE_DOWN,onCallDown);
private function onCallDown(event:MouseEvent):void{
  stage.addEventListener(MouseEvent.MOUSE_UP,onCallUp);
  //手指按下通话记录拨号
  callBtn.gotoAndStop(2)
}
private function onCallUp(event:MouseEvent):void{
  stage.removeEventListener(MouseEvent.MOUSE_UP,onCallUp);
  //手指离开通话记录
  callBtn.gotoAndStop(1)

}
```

步骤 04

定义拨打电话的方法 makeTheCall()，代码如下。

```
private function makeTheCall():void{
  TweenMax.to(head,0.5,{y:172.85,delay:0.1,ease:Elastic.easeOut.config(1.2,1.4)});
  TweenMax.to(words,0.24,{alpha:1,delay:0.2,ease:Sine.easeOut});
  hangUp.visible=true;
  TweenMax.to(hangUp,0.5,{alpha:1,scaleX:1,scaleY:1,delay:0.3,ease:Elastic.easeOut.config(1.2,1.4)});
  TweenMax.to(timeCount,0.24,{alpha:1,delay:0.2,ease:Sine.easeOut});
  TweenMax.to(colorBg,0.3,{alpha:1,delay:0,ease:Sine.easeInOut});
}
```

这里头像及其他元素的出现都用了 Ease Out 类型的缓动，不同的是头像和挂断按钮使用了 Elastic 风格的缓动类型，给其出现的动画添加了一点缓冲，其他元素的出现动画均使用了 Sine 风格的缓动，让透明度的变化更加柔和。

步骤 05

在 onCallUp 方法中调用 makeTheCall() 方法，并对 timeCount 元件做相应的控制与重置，最终代码如下。

```
package {
    import flash.display.MovieClip;
    import flash.events.MouseEvent;
    import com.greensock.TweenMax;
    import com.greensock.easing.Cubic;
    import com.greensock.easing.Back;
    import com.greensock.easing.Sine;
    import com.greensock.easing.Circ;
    import com.greensock.easing.Expo;
    import com.greensock.easing.Quart;
    import com.greensock.easing.Elastic;

    public class Main extends MovieClip {

        private var head:MovieClip;
        private var words:MovieClip;
        public var timeCount:MovieClip;
        private var hangUp:MovieClip;
        private var colorBg:MovieClip;
        private var callBtn:MovieClip;
        public function Main() {
            head=head_mc;
            words=words_mc;
            timeCount=timeCount_mc;
            timeCount.gotoAndStop(1);
            hangUp=hangUp_mc;
            hangUp.scaleX=hangUp.scaleY=0.8;
            colorBg=colorBg_mc;
            callBtn=callBtn_mc;
            hangUp.addEventListener(MouseEvent.MOUSE_DOWN,onDown);
            callBtn.addEventListener(MouseEvent.MOUSE_DOWN,onCallDown);
        }
        private function onDown(event:MouseEvent):void{
            stage.addEventListener(MouseEvent.MOUSE_UP,onUp);
            hangUp.gotoAndStop(2);
        }
        private function onUp(event:MouseEvent):void{
            stage.removeEventListener(MouseEvent.MOUSE_UP,onUp);
            hangUp.gotoAndStop(1);
            hangUpTheCall();
```

```
    }
    private function onCallDown(event:MouseEvent):void{
        stage.addEventListener(MouseEvent.MOUSE_UP,onCallUp);
        //手指按下通话记录 拨号
        callBtn.gotoAndStop(2)
    }
    private function onCallUp(event:MouseEvent):void{
        stage.removeEventListener(MouseEvent.MOUSE_UP,onCallUp);
        //手指离开通话记录
        callBtn.gotoAndStop(1)
        makeTheCall();
        timeCount.gotoAndPlay(1);
    }
    private function makeTheCall():void{
        TweenMax.to(head,0.5,{y:172.85,delay:0.1,ease:Elastic.easeOut.config(1.2,1.4)});
        TweenMax.to(words,0.24,{alpha:1,delay:0.2,ease:Sine.easeOut});
        hangUp.visible=true;
        TweenMax.to(hangUp,0.5,{alpha:1,scaleX:1,scaleY:1,delay:0.3,ease:Elastic.easeOut.config(1.2,1.4)});
        TweenMax.to(timeCount,0.24,{alpha:1,delay:0.2,ease:Sine.easeOut});
        TweenMax.to(colorBg,0.3,{alpha:1,delay:0,ease:Sine.easeInOut});
    }
    private function hangUpTheCall():void{

        TweenMax.to(head,0.14,{y:-137,ease:Quart.easeIn});
        TweenMax.to(words,0.14,{alpha:0,ease:Quart.easeIn});
        TweenMax.to(hangUp,0.14,{alpha:0,scaleX:0.8,scaleY:0.8,visible:false,ease:Quart.easeIn});
        TweenMax.to(timeCount,0.14,{alpha:0,ease:Quart.easeIn});
        TweenMax.to(colorBg,0.26,{alpha:0,delay:0.1,ease:Sine.easeInOut,onComplete:
        function onFinish():void{
        timeCount.gotoAndStop(1);

        }});
    }



}
```

按 Ctrl+Enter 组合键测试动画，确认效果无误后，发布 apk 安装文件，并安装到手机上测试效果。

3.3.3 Ease In Out 先加速再减速的缓动

应用了先加速再减速类型的缓动动画，在起始阶段元素属性或状态变化得比较慢，细节丰富，随后变化幅度逐渐增大，最后变化幅度再次逐渐减小，细节又开始丰富直到停止。

若小球从 a 点先加速再减速移动到 f 点，则小球的移动轨迹如图 3-29 所示。

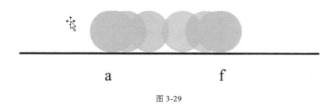

图 3-29

如果用曲线图来描述小球的运动状态，则如图 3-30 所示。

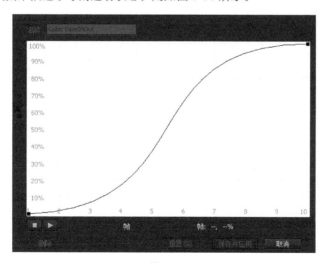

图 3-30

先加速再减速类型的缓动通常用于舞台上的一个元素从一个位置移动到另一个位置，或是从一个状态变为另一个状态，元素本身始终处于可见的情景中。元素状态变化的开始和结束阶段都容易被用户感知到，这也符合现实中物体的运动规律。一个先加速再减速的运动状态可以看作一个加速运动状态与一个减速运动状态的结合。

| 实例 | 卡片的展开

在图 3-31 左侧所示的界面中有一些商品的卡片列表，浏览后如果对其中某个商品感兴趣，如第二个卡片上的台灯，则可以点开台灯的卡片查看详情。卡片展开的动画正好是 Ease In Out 类型缓动的使用场景。

扫码看效果展示

图 3-31

步骤 01

新建一个 ActionScript3.0 文档，将所有切图导入到舞台。按照设计稿布局所有元素，并将有动画的元素转换为影片剪辑元件。

步骤 02

如果把卡片整体看作背景和内容两部分，那么卡片的展开动画必然包括卡片背景的伸长，这里首先制作一个能够"伸长"的卡片背景。在工具面板中找到矩形工具图标，按住鼠标左键，在展开的菜单中选择基本矩形工具，在舞台上画一个圆角矩形，宽、高、圆角、位置均与设计稿中未展开的台灯卡片相同，如图 3-32 所示。

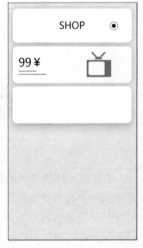

图 3-32

在该矩形所在图层的第 30 帧处添加一个关键帧，调整此处矩形的大小与圆角，使其与展开后的卡片大小圆角相同，如图 3-33 所示。在两帧之间右键单击并选择"创建形状补间"，此时矩形就会从小变大并且保持圆角不变，拖动播放头查看动画效果。

提示

形状补间是区别于传统补间的另一种补间动画，主要用来实现一些特殊形状的变化。在时间轴中的某一帧绘制一个矢量形状，然后在同一层的另一帧上绘制另一形状，在两帧之间插入形状补间，Animate 会在两帧之间插入这两个形状的中间形状补间来创建从一个形状到另一个形状的动画效果。这种补间除了适合形状的变化之外还适合线条的变化。

图 3-33

传统补间是 Animate 早期就有的一种创建动画的方式，也是十分常用的一种补间。动画中的变化由插入的关键帧定义，Animate 会在插入的关键帧之间创建动画内容。补间动画显示为浅蓝色并会在关键帧之间绘制一个箭头。

新补间动画是 Animate 后期新添加的一种动画补间方式，通过为第一帧和最后一帧之间某个对象属性指定不同的值来创建动画，对象的属性包括位置、大小、颜色、滤镜、旋转等。还可以为 3D 对象创建动画效果。

步骤 03

将台灯下面红色背景的动画设计为在卡片向下展开的同时向右移动充满卡片的上半部分，效果应该不错。按快捷键 N 使用线条工具在屏幕上勾勒一个合适的形状，要足够大，如图 3-34 所示，将其转换为影片剪辑元件。在该元件所在图层的第 30 帧添加关键帧并移动该元件，使其在宽度上覆盖卡片背景，并在两帧之间添加传统补间，红色背景的动画就完成了。

图 3-34

设置遮罩，复制步骤 02 中卡片背景的动画，并将其整体作为遮罩层，去遮罩卡片背景动画与红色背景动画。选中卡片背景动画所有的帧，在按住 Alt 键的同时，拖动选中内容到新的一层，右键单击该层，选择"遮罩层"，这样步骤 03 中大且不规则的形状会被遮罩遮住，最终卡片展开后的状态如图 3-35 所示。

提示

卡片可以看作是一个容器并设置遮罩，把元素或内容的变化放在遮罩内部处理，可以做出卡片整体在两个状态下平滑过渡的动画，这是非常常用的方法，甚至用遮罩可以让整体形状也发生变化，比如从一个头像变成一个联系人简介卡片。苹果手机中应用打开动画也是用这个方法实现的。

图 3-35

步骤 05

台灯的动画比较简单，就是从一个位置移动至卡片展开后的位置，同时大小也发生了变化，这里就不再赘述了。至此该卡片展开动画的主要部分都完成了，接下来给卡片背景动画、红色背景动画、台灯移动放大动画统一设置缓动类型，它们都符合 Ease In Out 类型的使用场景，所以这里统一设置为先加速再减速的类型，可以使用内置的经典缓动，也可以自定义缓动。

步骤 06

添加剩余元素的动画，这里需要注意的是价格部分动画，如图 3-36 中箭头所示，虽然动画前后两个关键帧中都有"价格"这个元素，但是这个元素不能够直接从最上层移动过去，因为它的移动方向与台灯和红色背景的移动方向都相反，这会导致在动画过程中画面非常混乱，没有条理。所以合适的方式就是它原地消失，或直接被红色背景覆盖，然后在新的位置重新出现。

图 3-36

按相同的原理补充卡片收起的动画，收起动画的用时可以比展开动画少，这样收起会显得更干脆，重点更突出，毕竟从用户点击令卡片收起的那一刻起，卡片上的信息就不再重要了，用户不会花费过多的注意力在退出舞台的元素身上。过度动画的一个典型的表现就是在退出、返回之类的动画做过多文章，导致用户注意力被分散。最终时间轴上帧的分布情况如图 3-37 所示。

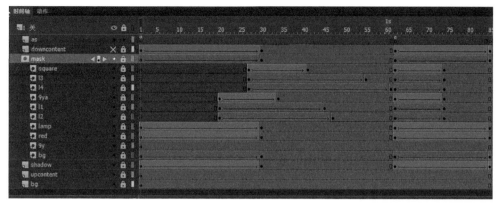

图 3-37

动画部分已经制作完毕，为了能够在手机上测试，这里再简单补充一些代码。这次代码就不写在类文件中了，因为代码量非常少。在时间轴中新建一层命名为"as"，表示是脚本代码的存放层，并置于最上层。单击第一帧，按快捷键 F9，打开动作面板，输入如下代码。

```
import flash.events.MouseEvent;
stop();
stage.addEventListener(MouseEvent.CLICK,onClick);
function onClick(event:MouseEvent):void{
this.play();
}
```

在第 62 帧处按 F7 键添加加空白关键帧，然后输入代码，"stop()"，按组合键 Ctrl+Enter 测试动画效果，确认无误后可以导出 apk 文件并安装到手机上进行测试。

3.4 界面动画中的时长与延时的用法

3.4.1 界面动画中的时长

时长指一个动画过程的总时间，用时会影响一个动画的可信度。每个人每天都接触的环境有一些常识性的规律，例如，汽车走得远自然用时较长，重的物体减速到静止要比轻的物体花去更多的时间等。每个人在接触一些新的事物时必然不自觉地会检查这个事物是否符合自己已知的规律，如果符合就会觉得熟悉，就会产生好感，反之就会觉得奇怪。动画也是如此，所以动画也在向自然规律借鉴。在界面动画中动画的用时也会根据界面元素所处的场景、元素移动路径的长短、形变的幅度大小等因素调整。

1. 一般来说，运动幅度较小的动画用时也较短，比如开关的打开与关闭动画，时长在 0.15s 左右。

2. 在屏幕上移动距离较大或缩放幅度也较大的动画，如图卡片的展开、页面的切换等，用时在 0.25 ~ 0.5s。

另外，时长还与动画所使用的缓动类型或所处的场景有关，如果一个动画使用 Ease In 加速缓动，那么这个动画通常是要离开舞台的，离开舞台的元素不应再过度地引起用户的注意，所以用时一般较短，一般在 0.1 ~ 0.15s。反而应用了 Ease Out 减速缓动的动画用时相对较长，因为此时元素可能正在进入屏幕，需要吸引更多的注意力，用时在 0.3 ~ 0.5s。应用了 Ease In Out 先加速再减速的缓动类型的动画，一般会发生较大的形变或内容变化，动画的起始和结束都比较重要，所以用时在 0.4 ~ 0.5s。在使用某些特殊缓动类型，如 Elastic 这种弹簧风格的缓动时，用时会相对较长，在 0.6s 左右，因为用时较短会让人很不舒服。

一般来说，动画时长低于 0.1s 时几乎感知不到动画细节，尤其是在性能参差不齐，不够稳定的某些手机上。时间太短会让画面跳跃，适当延长时间，动画过程会更顺滑，但时间一般要保持在 0.5s 以内，太长的时间只会让动画显得拖沓。使用某些特殊缓动类型的动画除外。另外，在某些特殊的情况下，可根据动画内容和场景需要决定动画用时的长短，如一些插画动画。

3.4.2 界面动画中的延时

界面动画中的延时分为两种，操作延时与动画延时。操作延时指从人操作完设备到设备做出响应之间的时间间隔。在现实世界中任何事物的响应总是及时的，但是到了手机和计算机等设备上情况就不同了，因为设备要在 16ms 内做大量的工作，所以响应一般都是滞后的，滞后的时间也不能无限长，它与人的感知息息相关。界面动画与其他动画形式的一个很重要的不同就在于它是基于用户的操作而产生的，用户的感知和体验是第一位的，所以界面动画的一个很重要的功能就是提供及时的反馈，而影响反馈的一个很重要的因素就是操作上的延时。

一个人要感知到周围环境的状态，思考如何行动并对想法做出反应，需要一个最小的时间限度，大概在 240ms，这个测量结果是在卡德（Card）、莫兰（Moran）和纽厄尔（Newell）提出的"人类加工模型"中给出的，并且 240ms 这个数字是由 3 段过程组成的，分别是：感知、认知和行动。

感知处理器：100ms [50 ～ 200ms]

认知处理器：70ms [30 ～ 100ms]

行动处理器：70ms [25 ～ 170ms]

感知处理器从所有感知到的数据里产生出可辨别的状态，提供给认知处理器。认知处理器完成思考的工作，它把想要的结果和事物当前的状态做对比，决定接下来怎么做。行动处理器接收到想要采取的行动指令，指示肌肉去执行。当想法在身体里转变为肌肉的行动后，整个处理过程又重新从感觉上的感知开始，以上 3 个过程（感知、认知和行动）是一同运作互相影响的。所以人在操作完设备后，设备必须在 240ms 内做出响应，这只是响应时间的上限。一般响应时间在 50 ～ 100ms 内的时候，用户会感觉响应紧凑、灵敏，这是因为 50 ～ 100ms 处于人的感知处理器循环时间的范围内。一旦超出这个范围，操作就会开始显得迟缓。

另外，对设备的操作和设备的响应如果处于同一个感知过程中，人们会自动将其看作因果联系。例如，一个人按下电灯开关与电灯亮起来这两件事如果发生在同一感知过程中，那么这个人会觉得电灯的点亮是他的按下操作导致的，这对于计算机或手机设备来说是一样的。罗伯特·米勒（Robert Miller）教授曾经这样说道："感知融合对计算机的响应时间也给出了一个最大上限。假如计算机在玩家行动后的 100ms 内做出响应，则响应会让人感觉是即时的。有着这种响应时间的系统会让用户觉得是自己身体的延伸。"

动画延时指界面上不同元素动画的开始时间之间的间隔。动画延时是编排舞台上元素动画顺序的重要手段，当多个元素同时运动时可以通过给某些元素添加动画延时来突出其他更重要的元素，让动画主次分明表意明确。当舞台上有多个元素一起做相同的动画时，整个动画会看上去非常呆板，给其中一些元素加入动画延时后就会显得错落有致，更具节奏感。另外，在动画中合理加入延时还可以避免某些动画错误的出现，例如，在 3.3.1 加速缓动一节的步骤 03 中让通话界面背景的消失动画延迟开始，避免出现如图 3-38 所示那样消失元素与出现元素混乱叠加在一起的情况。

图 3-38

课后练习

1. 弹窗是系统或应用中常见的组件，分析一下自己的手机系统或应用中弹窗出现动画的方式和使用的缓动类型，然后在时间轴中用关键帧动画来模拟。

2. 搜索框也是系统或应用中的常用组件，点击搜索框后的界面动画包括当前界面的变化和键盘的弹起。分析动画中各个元素变化的方式和使用的缓动类型，并尝试用关键帧动画来模拟。

第 4 章

常用的缓动类型

4.1 Power类型缓动

第 3 章中提到了 3 种常见的时间分配类型 Ease In、Ease Out、Ease In Out 的特点和用法，以及如何在 Animate 自定义缓动窗口中调整缓动曲线以达到自定义缓动的目的。同时，尝试了两种制作界面动画的方式，一种是在时间轴中制作关键帧动画，另一种是用代码的方式来编写动画。在时间轴中制作动画时，一般是按照动画节奏的需要凭感觉来调整曲线的形状从而得到想要的缓动。如果最后是将动画输出为序列帧图片、gif 动图、mp4 视频或 H5 作品等内容形式的话就没有问题。因为工程师不需要考虑动画的结构和其中的参数，只需要将你提供的动画素材加载并播放出来。但如果一段动画需要工程师用代码来实现的话，那么缓动类型必须是一个确切的公式或者一种描述曲线的通用方法。

多年前罗伯特·彭纳用代码定义了一些缓动公式并将其分享出来，就是现在常见的经典缓动类型如"Bcak""Bunce""Circular""Elastic""Expo""Quad""Cubic""Quart""Quint""Sine"等。如图 4-1 所示，在 Animate 自定义缓动窗口中就集成了这些经典缓动类型，可以直接为动画插入自己喜欢的缓动风格类型，省去调整曲线的麻烦。很快，这些公式便大受欢迎并被翻译成各种不同编程语言的版本集成在各个流行的动画类库中，至今仍在使用，例如前面章节中用到的 greensock。

图 4-1

在这些经典缓动类型中，有一类缓动遵循相同的规律，可以用同一类型的公式来描述，即 $f(t) = t^P$，其中 t 表示时间或者动画的进度，P 值可以反映缓动的强弱，P 值越大，缓动强度越强。这类缓动统称为 Power 类型缓动，其中包括 Linear、Quad、Cubic、Quart、Quint。以下是 Java 版本的 Cubic Ease Out 缓动的公式。

```
public float getInterpolation(float t) {
    t -= 1;
    return t * t * t + 1;
}
```

其中"t*t*t"为 t 的三次方，所以 Cubic 缓动类型的 P 值为 3，这也是为何 Cubic 被称为三次方缓动的原因。而 Quart 比 Cubic 在强度上更强一个等级，Quart Ease Out 的缓动公式如下。

```
public float getInterpolation(float t) {
    t -= 1;
    return -(t * t * t * t - 1);
}
```

很明显 Quart 类型缓动的 P 值为 4，Quart 为四次方缓动，同理可知 Quint 为五次方缓动，强度最强，而 Linear 则是强度为 0 的线性运动效果。Power 类型的缓动是界面动画中常用的缓动类型，在弹窗的出现、页面的翻转、应用的打开及各种元素的出现和消失中都有广泛的应用。

Power 类型的缓动有简洁、高效风格，这让它具有非常强的通用性。尤其是在偏交互、功能和效率型的界面动画中，还可针对不同的需要选择不同强度的缓动。

| 实例 | App 内交互动画

图 4-2 所示为一个 App 内部的界面。如果用户想使用搜索功能，则直接点击搜索框，如果想退出搜索功能点击页面空白处即可。如果点击了右上角圆圈按钮则可以进入另一个界面，点击另一个界面上的返回按钮又会回退到当前这个界面。像这样的操作在一个 App 中会经常遇到。以上的操作中动画主要分为两种，一种是进入与退出搜索的动画，另一种是进入与退出另一个页面的动画，这两个动画都用到了 Power 类型缓动。

扫码看效果展示

图 4-2

新建 Animate 文档并将动画所需的切图导入舞台。在舞台上按设计稿布局各界面元素并调整各元素的层级关系。最后将需要做动画的界面元素转换为影片剪辑或图形元件，时间轴上的层分布情况如图 4-3 所示。

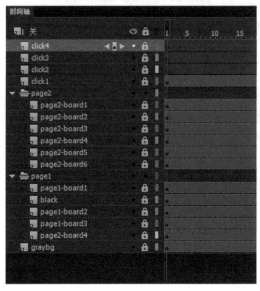

图 4-3

当层数比较多的时候，为了方便管理，除了将每一个层都命名清楚之外，可以使用层文件夹将不同的层进行分类。单击时间轴左下角文件夹样式的按钮即可新建一个层文件夹，如图 4-4 所示。

图 4-4

图 4-3 中将页面 1 中的所有层都放入 page1 文件夹，页面 2 的层都放入 page2 文件夹。当你操作 page1 文件夹中的层时，可以点击 page2 旁边的小三角图标将文件夹折叠起来，这样更方便浏览和制作动画。

步骤 02

制作搜索动画。搜索动画只发生在 page1 内部，分为两部分，一部分为搜索框所在的卡片内部变化，当点击了搜索框后卡片高度减小，卡片上的标题和按钮隐藏，整体收缩为一个较小的卡片为页面中搜索信息的展示留出更多空间。另一部分动画则是在搜索框所在卡片收缩后，其余卡片跟着上移，同时在这些卡片的上层出现一层半透明的黑色，将搜索结果与这些卡片区分开。在这两部分动画中，卡片的缩小、上移，标题与按钮的出现和消失，半透明黑的出现和消失等动画都可以使用 Power 类型缓动，这里使用 Quart 类型，读者也可以尝试其他类型缓动。进入搜索状态后点击页面空白处即可返回之前的状态，具体动画过程，时间、节奏类型可参考实例文件 App.fla。

提示

当时间轴上层数过多时，除了用层文件夹之外，也可以用元件嵌套的方式将一部分动画做在元件的内部，在本例中，将搜索框所在卡片内部的动画统一做在卡片这个元件的内部。元件内部的时间轴与外部时间轴是同时进行的，所以只要保证内、外部动画起始帧与结束帧一致，动画就是同时进行的。图 4-5 所示是搜索框所在卡片元件内部的情况，动画也是从第 30 帧开始，与外部一致。

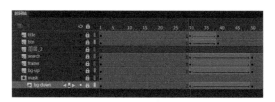

图 4-5

Animate 中元件的概念与 AE 中合成的概念类似，即使元件内部有动画，元件本身也可以有另一种动画，两种动画同时进行时，运动就会合成在一起，很多复杂动画的原理就是这样的。

步骤 03

制作页面翻转动画，由于本例子中页面主要由卡片组成，所以页面的切换可以分解为每张卡片的移动，在卡片移动动画之间加入时间差，做出卡片依次到位的效果。这里每个卡片的移动都使用了 Quart 缓动类型，另外由于本例中采用时间轴动画，所以在每一步操作之前都加入了波纹扩散的效果来表示手指点击效果，具体动画详情可参考工程文件。

步骤 04

按 Ctrl+Enter 组合键测试影片，确认动画效果无误后，单击顶部菜单中的"文件"，选择"导出"→"导出视频"，将动画导出为 mov 格式的视频文件。

4.2 Elastic类型缓动

Elastic 是一个特殊风格类型的缓动，可以用来模拟弹簧振动的感觉。通过对 Elastic 缓动进行自定义可以实现一次或多次回弹。由于该缓动风格偏活泼，所以不宜过多使用，尤其是在偏功能性、效率性的界面动画中。

在 Animate 中使用该缓动的方式有两种，一种是在时间轴上的关键帧动画中，可以直接选择内置的 Elastic 缓动插入补间动画中，如图 4-6 所示。然后通过自定义缓动面板来调整该缓动的曲线，如图 4-7 所示。

图 4-6

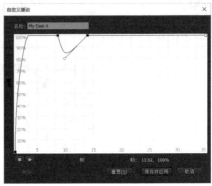

图 4-7

另一种是在代码编写的动画中使用 greensock 这些动画类，库给一段动画插入缓动。例如，在第 3 章的第 3.3.2Ease Out 减速缓动一节的步骤 04 中定义了一个打电话的方法，其中头像部分动画代码如下。

```
TweenMax.to(head,0.5,{y:172.85,delay:0.1,ease:Elastic.easeOut.config(1.2,1.4)})
```

其中关键字 ease 后面的部分"Elastic.easeOut.config(1.2,1.4)"就是对 Elastic 缓动的引用。其中"1.2""1.4"是该缓动的参数，通过对这两个参数进行调整可以实现不同的回弹次数和回弹幅度，这里就实现了一个舒服的一次回弹的效果。

以 Elastic Ease Out 缓动为例，先来看看它的代码。

```
public function ElasticOut(amplitude:Number=1, period:Number=0.3) {
    _p1 = amplitude || 1;
```

```
            _p2 = period || 0.3;
        _p3 = _p2 / _2PI * (Math.asin(1 / _p1) || 0);
}
```

从上面的代码中可以看到该方法有两个参数，amplitude 振幅、period 周期。振幅就是采用该缓动的元素在终点附近来回振动的最远距离。默认值为1，振幅越大，元素或属性偏离终点的偏移量越大。振幅可以根据属性变化大小来调整。周期是一次往复运动需要的时间，注意这两个参数均为比例值。以周期为例，如果输入的值为 0.5，那么元素将振动频率则为 1/0.5=2，即两个周期。如果输入的值为 2，则振动的频率为 1/2=0.5，半个周期，我们观察到的回弹次数就变成了一次。了解了参数的含义就可以更好地调整参数来自定义动画效果了。

4.3 Sine类型缓动

Sine 缓动的强度较低，整个给人感觉偏柔和。它的缓动公式是用正余弦函数来构建，让元素的属性变化符合正余弦曲线的特性。Java 版本的 Sine Ease Out 缓动公式如下。

```
public float getInterpolation(float t) {
    return (float) Math.sin(t * (Math.PI / 2));
}
```

这类缓动很适合用来制作呼吸、波纹扩散、文字的消失出现或者图片的叠化等效果。Animate 中也内置了这类缓动，如图 4-8 所示。

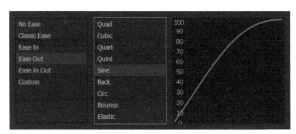

图 4-8

| 实例 | 心跳与呼吸效果

图 4-9 所示为一个心率测试 App 的界面。当用户开始测心率后，中间的心形会开始跳动，同时会伴随周围细线波纹的散开动画，表示已经检测到用户的心跳并在不断持续检测中，这两个动画并非与用户的心跳直接相关，只是表明当前 App 的状态。真正反映用户心跳状况的是心电图。这里心跳动画和波纹动画都可以用 Sine 缓动来实现。

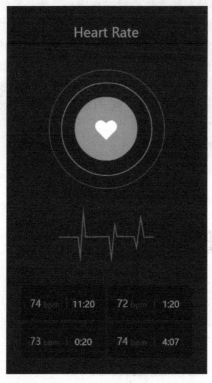

扫码看效果展示

图 4-9

步骤 01

新建一个 Animate 文档，命名为"Sine"并将动画需要的切图导入舞台。在舞台上按设计稿布局各界面元素并调整各元素的层级关系。最后将白色心形图标转换为图形元件。

制作白色心形跳动动画。在心形图标所在图层的第 30 帧、第 50 帧和第 80 帧处分别按 F6 键添加三个关键帧。选中第 50 帧处的心形图标并将其放大 1.2 倍，然后分别在第 30 帧与第 50 帧之间、第 50 帧与第 80 帧之间单击鼠标右键，创建传统补间。选中这两个补间，在属性面板中给这两段动画插入 Sine Ease In Out 缓动，一个简单的心跳动画就做好了。时间轴上的情况如图 4-10 所示。

图 4-10

制作波纹扩散动画。在时间轴上新建一个图层，在第 30 帧处用椭圆工具画一个圆，如图 4-11 所示。

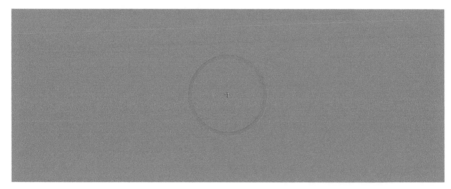

图 4-11

在第 100 帧处添加关键帧，并将这一帧的圆拉大，使边缘变细，不透明度设置为 0。右键单击两个关键帧中间的区域，选择"创建补间形状"。单击选中绿色补间，在属性面板中为该动画插入 Sine Ease Out 缓动，一个扩散的波纹动画就完成了。

在波纹动画所在图层之上新建一层，鼠标拖动选中波纹动画的帧，在按 Alt 键的同时将这段帧拖至新建的层即可完成一段动画的复制。此时在舞台上就有了两个一模一样的波纹动画。选中新复制的波纹动画帧，向后拖 15 帧，这样就能得到两个波纹动画依次出现的效果，如图 4-12 所示。

图 4-12

—4.4 Bounce类型缓动

Bounce 缓动比较特殊，它可以模拟小球弹跳的运动规律。如果项目中某个元素或组件有这样的行为，可以直接使用该缓动。Animate 中便内置了这种缓动，如图 4-13 所示。

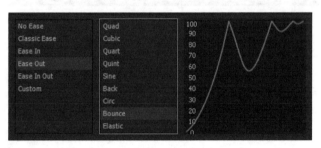

图 4-13

| 实例 | 小球弹跳动画

图 4-14 所示为一个简易的界面，橙色圆代表小球，橙色的线代表地面，动画内容就是小球从如图中所示的高度落向地面。

扫码看效果展示

图 4-14

步骤 01

在小球所在图层的第 1 帧处和第 30 帧处分别插入两个关键帧，然后在这两帧之间添加传统补间。单击选中该补间，在属性面板的补间一栏中选择 Bounce Ease Out 缓动。按 Ctrl+Enter 组合键查看动画效果。

该小球弹跳的效果同样可以利用 greensock 类库在代码中轻松实现，代码如下。

TweenMax.to(ball,1.5,{y:150,ease:Bounce.easeOut,delay:0.5});

小球弹跳动画虽然简单，但却是一个能锻炼动画思维和技巧的好例子。虽然用 Animate 内置缓动和代码来实现小球弹跳的效果都非常简单，但在便利的同时也失去了一定程度自定义动画效果的权利。例如，你想让小球在触地的过程中发生形变，模仿皮质小球的弹跳过程，只用代码或内置缓动就做不到。下面就来看看如何不用内置缓动在时间轴中利用关键帧动画来实现小球弹跳的效果。

步骤 02

下降过程。小球由于受到重力的影响，在开始下落到第一次触地之前这段时间内做加速运动。缓动应该为 Ease In 类型，如图 4-15 所示。

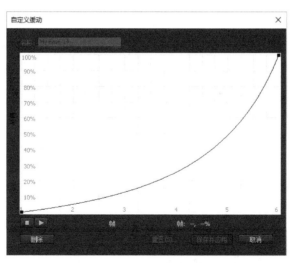

图 4-15

步骤 03

上升过程。与地面碰撞后小球会损失一部分能量，并获得一个反向的初速度，再次向空中飞去，直至上升到最高点，这段过程在重力的影响下做减速运动，直到速度减为 0，运动曲线如图 4-16 所示，并且由于能量的损失小球再也回不到开始下落的高度。

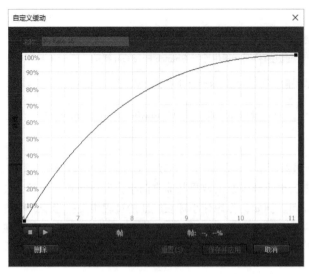

图 4-16

步骤 04

重复以上两个过程，并注意小球能量的不断损失会反映在每次触地后反弹的最大高度上，最大高度不断降低，最终小球静止在地面上，时间轴上帧分布的情况如图 4-17 所示。

图 4-17

提示

上述小球更像是刚性小球的行为，想要模仿皮质小球就要进一步细化小球与地面接触的这一过程。此过程分为两步，第一步是小球刚与地面接触到压缩变形到最大状态，在该过程中小球的动能完全转化为弹性势能，所以速度从最大值减小到 0，是个减速的过程，如图 4-18 所示。

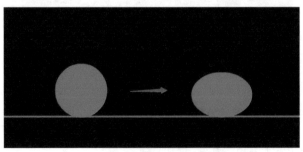

图 4-18

第二步是小球从最大压缩状态到恢复原状的过程，在这一过程中小球的弹性势能转化为动能，最后小球获得了一个向上的初速度，是个加速的过程，如图 4-19 所示。

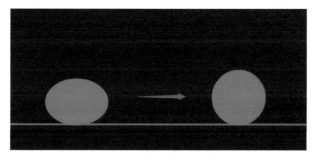

图 4-19

读者可以根据以上的分析，尝试下橡胶小球的弹跳动画。

4.5 预备动作和缓冲

预备动作也叫蓄势动作，即在每个动作发生之前都会产生一个微妙的、反方向的预备动画。这在传统动画中是常用技巧，目的是吸引观众的注意力，让观众对即将发生的事情产生一定的预期，这样即便是该动画的主动作非常短暂迅速，线索也不会被观众忽视掉。但是如果没有预备动作，可能观众会对这个主动作毫无察觉，动画完成后仍然不知道发生了什么。预备动作不仅能让动作更加突出，更加生动形象，同时也是积蓄能量的过程，能让主动作显得更加有力度，预备动作时间越长，积蓄的能量越多，那么接下来的主动作可能会越快。这种例子动画片中经常见到。例如，一个角色想要冲出屏幕时，它只是简单地朝反方向做了一个精美的预备动作，让身体紧张起来，然后快速地消失在一阵烟尘中，如图 4-20 所示。

图 4-20

事实上预备动作也不仅仅只是用在某个需要强调的主动作中，它存在于任何一个简单的动作中，从转头到起跳、站立等，预备动作都能让动画更具有观赏性。

缓冲动作是物体受到刺激进行反应后的还原过程，是预备动作的延续，通过延长作用时间减小冲击力。缓冲动作在现实世界中很常见，如人的跑跳、体操、武术等。所以在动画中通过人为增加缓冲动作，可以让动作更加真实可信。

预备动作和缓冲动作虽然是传统动画的技巧，但是也可以应用在界面动画中，在适当的地方运用预备动作可以很好地强调之后发生的动作。例如，iOS 系统新版应用商店首页卡片的打开动画，当手指触碰到卡片时，卡片会缩小下沉，手指离开屏幕后卡片会放大展开。卡片缩小下沉可以看作卡片放大展开的预备动作，同时也是手指触摸卡片的反馈，卡片的反馈与预备动作巧妙地结合在了一起，这是应用预备动作的一个很好的思路。在卡片放大展开动作的最后还有一个舒服的缓冲效果，预备和缓冲的使用让整个动画流畅有力。

｜实例｜ 卡片展开动画

如图 4-21 所示的一个简单的界面中有一张风景名胜的介绍卡片，点击这张卡片后希望它能够像苹果手机应用商店中的卡片那样展开。这个展开动画中会涉及预备动作、缓冲和形变遮罩的用法。

图 4-21

<u>步骤 01</u>

　　首先新建一个 Animate 文档命名为"Card"。将动画需要的切图导入舞台，在舞台上按设计稿布局各界面元素并调整各元素的层级关系，将有动画的元素转化为影片剪辑元件并命名，详情可参考源文件。时间轴的图层分布情况如图 4-22 所示。

图 4-22

　　新建一个 ActionScript 类文档命名为"Main"，将其与 Card.fla 文件保存在同一目录下并关联起来。

<u>步骤 02</u>

　　添加监听，由于该动画中涉及手指按下效果，所以监听不能简单地使用 MOUSE_CLICK 事件，可以通过组合 MOUSE_DOWN 与 MOUSE_UP 事件来达到目的，为方便测试这里直接给舞台添加监听，代码如下。

```
stage.addEventListener(MouseEvent.MOUSE_DOWN,onDown);
private function onDown(event:MouseEvent):void{
    stage.addEventListener(MouseEvent.MOUSE_UP,onUp);
    //手指按下事件

}
private function onUp(event:MouseEvent):void{
    stage.removeEventListener(MouseEvent.MOUSE_UP,onUp);
    //手指抬起事件
}
```

<u>步骤 03</u>

　　形变遮罩的实现。因为本例中的遮罩与普通遮罩不同，在动画过程中它会不断发生形变，从圆角矩形变化到普通矩形，所以这个动态形变的遮罩用代码来实现。首先在界面上用代码画一个与卡片一模一样的圆角矩形，如图 4-23 绿色图形部分所示。

图 4-23

它的实现代码为

```
private function renderShape(degree:Number):void{

    shapeMask.graphics.clear();
    shapeMask.graphics.beginFill(0x000000,0.5)
    shapeMask.graphics.drawRoundRectComplex(−540*0.5,−700*0.5,540,700,degree,degree,degree,degree);
    shapeMask.graphics.endFill();

}
```

在构造函数时就可以调用该方法，其中 shapeMask 为承载整个图形的容器。这个方法有一个参数 degree，它是圆角矩形圆角的大小，当输入值不同时，圆角也会发生相应的改变。接下来自定义两个方法 toSquare()、toRound()，通过在 TweenMax 的 onUpdate 方法中不断调用 renderShape(degree:Number) 方法并同时改变 degree 的值就可以实时地改变矩形的圆角，两个方法的内容如下。

```
private function toSquare(time:Number=0.5):void{
    TweenMax.to(this,time,{degree:0,ease:Sine.easeOut,onUpdate:
    function rendering():void{
        renderShape(degree)
    }}));
}
private function toRound(time:Number=0.5):void{
    TweenMax.to(this,time,{degree:30,ease:Sine.easeOut,onUpdate:
    function onRender():void{
        renderShape(degree)
    }}));
}
```

步骤 04

定义手指按下时卡片整体缩小下沉的方法 cardDown()，卡片中所有的内容都缩小为原大小的 0.96
倍，这也是整个卡片打开动画的预备动作部分。然后在手指按下事件中调用该方法，代码如下。

```
private function cardDown(time:Number=0.32):void{
    TweenMax.to(shapeMask,time,{width:540*0.96,height:700*0.96,ease:Cubic.easeOut});
    TweenMax.to(pic,time,{width:1043.55*0.96,height:782.65*0.96,ease:Cubic.easeOut});
    TweenMax.to(content,time,{width:478.35*0.96,height:185.25*0.96,ease:Cubic.easeOut});
    TweenMax.to(words,time,{width:540*0.96,height:960*0.96,y:320,ease:Cubic.easeOut});
}
```

步骤 05

定义卡片打开方法 openCard() 与卡片关闭方法 closeCard()。在卡片打开方法中包含了打开动画的
缓冲部分，缓冲部分时间较短，缓动也使用了相对柔和的 SineEaseOut 类型。closeCard() 放展开的卡
片恢复原状，代码如下。

```
private function openCard(time:Number=0.5):void{
    TweenMax.to(shapeMask,time,{width:640*1.05,height:640*1.05,y:320,ease:Quart.easeInOut});
    TweenMax.to(shapeMask,time*0.5,{width:640,height:640,delay:0.48,ease:Sine.easeOut});//遮罩动画的缓冲
    toSquare(time);
    TweenMax.to(pic,time,{width:1043.65*1.5,height:782.5*1.5,y:569.05-100,ease:Quart.easeInOut});
    TweenMax.to(pic,time*0.5,{width:1517.4,height:1138.05,delay:0.48,ease:Sine.easeOut});//图片动画的缓冲
    TweenMax.to(content,time,{y:688.65,alpha:1,ease:Quart.easeInOut});
    TweenMax.to(content,time,{width:478.35*1.1,height:185.25*1.1,y:788.65-300,ease:Quart.easeInOut});
    TweenMax.to(words,time,{width:640,height:1138,y:569,delay:0.2,ease:Quart.easeOut});
    TweenMax.to(black,time,{alpha:1,ease:Sine.easeInOut});

}
```

```
private function closeCard(time:Number=0.5):void{
    TweenMax.to(shapeMask,time,{width:540,height:700,y:569,ease:Quart.easeInOut});
    toRound(time);
    TweenMax.to(pic,time,{width:1043.55,height:782.65,y:569.05,ease:Quart.easeInOut});
    TweenMax.to(content,time,{width:478.35*1,height:185.25*1,ease:Cubic.easeOut});
    TweenMax.to(content,time,{width:478.35*1,height:185.25*1,y:788.65,ease:Quart.easeInOut});
    TweenMax.to(words,time,{width:540,height:960,y:320,delay:0,ease:Quart.easeInOut});
    TweenMax.to(black,time,{alpha:0,ease:Sine.easeInOut});

}
```

步骤 06

声明一个布尔值 openBoo 来做一个简单的流控制,判定每次手指点击屏幕是打开卡片还是关闭卡片。这部分流控制写在手指抬起的事件方法中,代码如下。

```
private function onUp(event:MouseEvent):void{
    stage.removeEventListener(MouseEvent.MOUSE_UP,onUp);
    if(!openBoo){

        openCard();

    }else{

        closeCard();

    }
    openBoo=!openBoo;

}
```

按 Ctrl+Enter 组合键测试动画效果,没问题的话可以将程序打包为 apk 文件安装到手机上进行测试。本例中将卡片里的遮罩、图片、文字内容部分都放在最外层,当我想要让卡片整体缩小时就需要将每一个部分的元素同时缩小,增加了工作量。如果利用元件嵌套的方法将遮罩、图片、文字内容部分统一放在一个影片剪辑容器内,那么就只需要对这个容器整体做动画即可,读者可以根据这个思路试试改造这个可交互原型。

提示

上面例子中遮罩形状的变化用代码来实现,事实上如果在时间轴中做一个形状变化动画也是可以用来做遮罩的。如何在时间轴中做一个普通矩形到圆角矩形的关键帧动画,这里就会用到形状补间中的形状提示功能了。

1. 单击工具栏中的"基本矩形工具"，在舞台上画一个圆角矩形，然后在属性面板中设置矩形的宽高均为 300 像素，圆角为 30 度。

2. 在该矩形所在图层的第 1 帧和第 30 帧处分别按 F6 键添加关键帧，选中第 30 帧中的矩形，在属性面板中将它的圆角改为 1，这时它变成了普通矩形。

3. 用右键单击第 1 帧与第 30 帧之间的部分并选择"创建补间形状"，然后拖动播放头，查看补间效果。经查看可发现，这个效果不理想，这段动画中某个中间帧的图形如图 4-24 所示。

图 4-24

4. 单击第 1 帧，然后单击顶部菜单中的"修改"，依次执行"形状"→"添加形状提示"命令，或者按 Ctrl+Shift+H 组合键来添加形状提示点，并将提示点依次移动到该圆角矩形的 8 个关键节点上，如图 4-25 所示。

5. 单击第 30 帧，将刚刚添加的 8 个提示点重新摆放一次位置。注意，这里要根据图形的变化需要摆放，如圆角要变尖角，所以 a、b 两个提示点在最后一帧几乎走到一起，其他提示点也是一样。如图 4-26 所示。

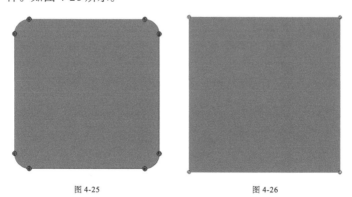

图 4-25   图 4-26

当形状提示点摆放好后颜色会变为绿色，再次拖动播放头，查看形状补间效果，可以看到这次形变效果比较理想。

4.6 自定义缓动在开发中的应用

虽然 Animate 中内置了很多常用的经典缓动类型，但并不是总能满足动画的需求。如果一段动画中使用了在 Animate 自定义缓动面板中手动调整的特殊缓动，那这一缓动如何在开发环节中准确实现呢？这里就以安卓平台为例，来谈谈自定义缓动的实现。

在安卓的支持库中有一个 PathInterpolator 类可以用来还原自定义曲线，它通过两个锚点和两个控制点的坐标来构建一条三次贝塞尔曲线，并将该曲线斜率的变化应用于动画属性变化，定义如下。

PathInterpolator (float controlX1, float controlY1, float controlX2, float controlY2)

创建了一个三次贝塞尔曲线插值器，它的起始点与结束点为假定的（0,0）、（1,1）。

该曲线的两个锚点 (0, 0)、(1, 1) 是固定的，代表动画中属性的变化从 0 开始到 1 结束，两个控制点的坐标 (controlX1, controlY1)、(controlX2, controlY2) 是可以改变的，通过改变控制点的位置来改变曲线的形状，从而得到不同的斜率变化。这看起来非常眼熟，非常像 Animate 自定义缓动面板中手动调整曲线的场景，事实上他们的原理也是一样的，在自定义曲线中拖动的两个控制柄的坐标对应的就是 PathInterpolator 中两个控制点的坐标，如图 4-27 所示。

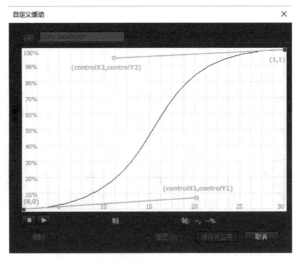

图 4-27

了解 PathInterpolater 的原理和参数之后就可以使用它自定义缓动了。只要获得了两个控制点的坐标值，将它们传入插值器就能够得到自定义的缓动类型。然后将该插值器应用于动画就可以了。那么如何获得两个控制点坐标呢，从图 4-27 中可以看出该曲线的两个端点的坐标分别为（0，0）和（1，1），也就是说横轴代表的该段动画的总时长为 1，横轴总帧数为 30 帧，控制点 1 的横坐标对应的帧数为 20 帧，那么，

controlX1=(20/30)*1，约为0.67。纵轴本身就是百分比，所以：

controlY1=0.09。

同理，

controlX2=(12.5/30)*1，约为0.42

controlY2=0.96。

最后得到的自定义缓动即为PathInterpolater(0.67,0.09,0.42,0.96)。

课后练习

1. 用关键帧动画来模拟有弹性的橡胶小球弹跳动画，注意动画过程中能量的衰减。

2. 用形变遮罩的方法来实现苹果手机中应用的打开动画效果。

第 5 章

界面动画中的空间

5.1 空间在界面动画中的作用

　　界面上所有元素的一切行为必定是发生在一个假定的立体空间中，小到一个应用大到一个系统的组织结构都可以看作一个虚拟的空间。空间概念是图形用户界面的固有属性。

　　自从有了图形界面，用户就不需要再记忆大量的命令，而是通过直接操作可视化的窗口来完成任务。图形界面不仅操作变得便捷，而且学习起来也很简单。图形用户界面的另一个优点是支持同时显示多个窗口，而且窗口可以重叠在一起。早期的显示器分辨率很低，如果窗口不能重叠，屏幕上可能最多只能显示两三个窗口，那么要打开更多窗口就不得不先关闭当前的窗口，操作烦琐而且很容易忘记之前窗口中的内容。窗口的重叠不仅提高了空间利用率，也让用户可以在不同的窗口之间快速地来回切换，从而极大地提高了信息的传递效率。

　　一旦窗口可以重叠，那必然有的窗口在上方，有的窗口在下方。上下方的概念就是层级结构。当前被单击的或者用户正在操作的窗口就位于显示层级的顶端，其他窗口就会落入下层。窗口层级的变化类似于窗口在界面中纵向深度的变化。层级结构的概念暗示了界面从一开始就不是一个二维平面，它是一个有深度的三维立体空间。图 5-1 所示为早期 Lisa 电脑的图形用户界面，从中可明显看到窗口与窗口之间、菜单与窗口之间都有空间位置上的重叠。

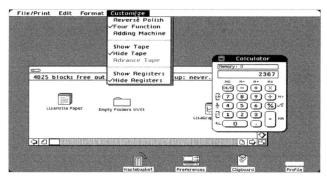

图 5-1

所以在接下来的发展过程中，用户界面在外观和动画效果方面都对空间概念做了完善和拓展。例如，将光影、透明度、模糊等效果引入界面中，除了让界面更加炫酷之外，也让界面看起来更加真实合理。图 5-2 所示为 2000 年 1 月 5 日苹果公司推出的 Aqua 界面，不仅启用了有质感的界面和阴影，连图标的设计也参考了日常生活中的物品，也就是后来常说的拟物化设计。新系统也很快就被大众接受，并成为 Mac 系统的招牌风格。

图 5-2

2007 年 1 月 31 日，微软发布了 Vista 系统，其中也包含了丰富的 3D 效果和动画，如图 5-3 所示。

图 5-3

所谓的 3D 效果并非所有的界面元素都变成真正的 3D 立体风格，而是让二维的窗口界面可以在三维的空间中翻转，如图 5-4 所示的窗口切换动画。

图 5-4

同时加入细腻的阴影效果让界面显得更加立体，这里的阴影与拟物化设计或扁平化设计中提到的阴影概念不同，它是空间构成的一部分。即使界面元素扁平化了，但是元素与元素之间依然需要用阴影来表明层级关系。在谷歌推出的 Material Design 中，明确了用阴影来表现空间的方式，并且可以通过改变阴影的大小、深浅形态来表明两个元素之间的距离，如图 5-5 所示。

图 5-5

在现实世界中不仅空间有三个维度，空间中所有的物体都是有体积有厚度的，但是在界面中厚度和体积对于信息的传递来说并不是必须的。对于用户来说重要的是卡片上的信息和获取信息的效率，但是将一张 Png 格式的图片变成一套 3D 模型意味要增加更多成本和工作量，消耗更多系统性能去渲染、花费更多的时间和流量去加载，对于用户体验的提升没有任何实质性的帮助。所以对于界面来说，信息的主要载体应该是一种厚度为零、可透明、可模糊、可变色、可形变的"纸"。它是灵活的，可根据自身所处的状态来自动调整各种属性让信息的呈现更加清晰、明确，甚至能够通过影响用户的情绪来提升用户获取信息的效率。足够轻便的特质也能让它在任何状态下被快速地加载出来，确保用户在第一时间获得信息。这样的一种载体无论是对现在的图形界面还是未来虚拟元素与现实物体叠加的场景都适用。反过来这样的一种载体对于界面动画也有一定的要求和影响，因为界面内大多数元素均为二维的扁平状态，那么元素在做界面动画时就不宜做出 3D 翻转的效果。

虽然界面内信息的主要载体是一种二维的扁平状态，但是在某些特殊的情况下依旧可以引入 3D 元素。例如，在苹果系统的相机中，当进入人像模式时会在 Tab 的上方出现一个光效选择动画，动画中就引入了一个 3D 的立方体来说明各种光效的效果，如图 5-6 所示。

另外，系统或应用保持一个稳定的空间结构更有利于用户去认识和使用它。图 5-7 所示为苹果手机中提醒事项的截图。当用户点击右上角的"+"按钮时，新建事项的面板会从底部升起。如果不想新建任何事项，点击页面空白处，新建面板会沿原路返回并停在屏幕外的地方。如果新建面板没有原路返回，而是向右或向左离开屏幕，又或是干脆原地消失了，从动画的表意上来说，你并不清楚这个新建面板究竟去了哪里。这个新建面板似乎没有一个固定的位置，即便通过多次操作、反复练习依然能够掌握新建事项这个功能，但动画带给用户错误的暗示与面板真实行为之间的违和感始终存在。如果一个系统或应用中到处都是这种错误的动画，那用户可能会非常不耐烦。

图 5-6　　　　　　　　　　　　图 5-7

5.2 镜头与景别在界面动画中的应用

镜头和景别是电影或传统动画中的概念，景别是指被拍摄的主题在画面中呈现出来的范围，分为全景、远景、中景、近景、特写。不同的景别表现出来的效果不同。镜头是影视作品的基本组成单位，是指从一个角度连续拍摄画面时从摄像机开机拍摄到被关闭时所获得的镜头，分为鸟瞰镜头、俯视镜头、平视镜头、样式镜头、倾斜镜头等。镜头运动方式有推、拉、摇、移、跟、升降、甩、空镜头等。界面动画也可以借鉴这些影视动画中景别和镜头的使用方法。如果把屏幕显示器当作镜头的话，可以通过将元素放大、缩小和移动的方法来做出一些类似镜头拉远、拉近、平移等动画。例如，在 iOS 系统中打开某份月份日历时，周围的月份日历会跟着一起放大，产生类似镜头拉近的效果，如图 5-8 所示。

图 5-8

另外，在一些制作照片电影或小视频的应用中，也会利用上述方法通过控制照片大小变化和位置移动来模拟镜头变化。如某些手机中的回忆相册、短视频等。图 5-9 所示为手机中的回忆相册。

除了用界面元素的放大和缩小来模拟镜头动画之外，在某些应用或场景中可能会用到真正的镜头拉近拉远的动画。例如，当你用微信扫描一个离你稍远的二维码时，当识别到镜头中二维码存在后，相机镜头会聚焦该二维码并将画面拉近，这个场景相信读者都比较熟悉，如图 5-10 所示。

图 5-9

图 5-10

相信随着 AR 技术的普及和应用，这样的动画会越来越多。当你用手机镜头或头戴设备对准一个离你较远的物体时，如果手机识别出了该物体，系统就会自动将镜头拉近，使该物体清晰地呈现在你面前并给出相关信息，如图 5-11 所示。

图 5-11

| 实例 | 便签打开动画

图 5-12 所示为一个便签列表页面，点击某个便签后就进入图 5-13 所示的便签详情页面，这里进入详情页面的动画就可以用类似镜头推近的方式来完成。另外，在之前的例子中，代码都是写在文档类 **Main.as** 中，在这个例子中会为某个对象创建一个单独的类，在这个类中书写与该对象相关的行为代码，并在其他类中调用该类的方法。这样不但有利于复杂功能的实现，也更容易管理、修改和复用代码，这也是面向对象语言的优点。

图 5-12

图 5-13

步骤 01

新建名为"Note.fla"的 Animate 文档，并将动画所需要的切图导入舞台，然后按设计稿布局将各界面元素的层级关系调整好，并将需要做动画的界面元素转换为影片剪辑，注意不能转换为图形元件，因为图形元件不能被代码调用。最后在时间轴上的图层分布情况如图 5-14 所示，文档布局详情可参考源文件。

图 5-14

步骤 02

新建名为"Main.as"的 ActionScript3.0 类文档，将其与"Note.fla"文档保存在同一目录下，并将两个文档关联起来。在 Main 类文档中声明一些变量来获取"Note.fla"文档中需要做动画的影片剪辑元件，并做相应初始化的工作，详细代码如下。

```
private var list:MovieClip;
    private var openBoo:Boolean;
    private var white:MovieClip;
    private  var note:MovieClip;
        list = list_mc;
        white = white_mc;
        white.mouseChildren = false;
        white.mouseEnabled = false;
        white.alpha = 0;
        note=note_mc;
```

　　为被打开便签 note_mc 创建一个单独的类文件 CurrentNote.as，并将该类文件与 note_mc 绑定在一起，如图 5-15 所示。在该类中制作该便签本身的放大与缩小动画，放大动画为便签打开动画，便签由缩略图逐渐变化为详情内容；缩小动画为便签的关闭动画，便签详情页又逐渐变回到缩略图。

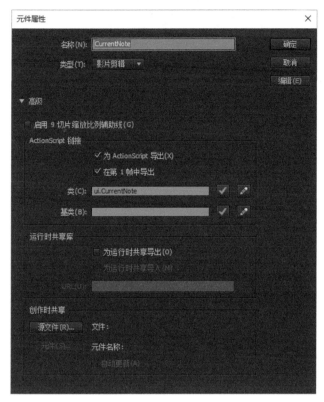

图 5-15

　　该元件的动画主要涉及 5 个属性变化，分别是内容元件的 X 坐标、Y 坐标、宽、高和 Alpha 值的变化。只要确定了内容元件在初始状态和最终状态下的 5 个属性值就可以实现该动画。单击相应的内容元件，即可在属性窗口的"位置与大小"和"色彩效果"栏中找到这 5 个属性值，如图 5-16 所示。

图 5-16

便签打开与关闭动画的具体内容如下。

```
//放大动画，镜头推近效果，打开便签
public function openNote(time:Number=0.5):void{
//位置移动
TweenMax.killTweensOf(this);
TweenMax.to(this, time, {x:540,y:960,ease:Cubic.easeInOut } );
//遮罩大小形状
TweenMax.killTweensOf(currentMask)
TweenMax.to(currentMask,time,{ width:1080, height:1920, ease:Cubic.easeInOut } );
//内容切换
TweenMax.killTweensOf(content1)
TweenMax.to(content1,time,{scaleX:1, scaleY:1, alpha:1, ease:Cubic.easeInOut } );
TweenMax.killTweensOf(content2)
TweenMax.to(content2,time,{scaleX:2.62,scaleY:2.62,alpha:0,ease:Cubic.easeInOut } );
}
//缩小动画，镜头拉远，关闭便签
public function closeNote(time:Number=0.5):void{
TweenMax.killTweensOf(this);
TweenMax.to(this, time, { x:804, y:1083.5, ease:Cubic.easeInOut } );
TweenMax.killTweensOf(currentMask)
TweenMax.to(currentMask, time, { width:500, height:733, ease:Cubic.easeInOut } );
```

```
TweenMax.killTweensOf(content1)
TweenMax.to(content1,time,{scaleX:0.47,scaleY:0.47,alpha:0,ease:Cubic.easeInOut } );
TweenMax.killTweensOf(content2)
TweenMax.to(content2,time,{scaleX:1, scaleY:1, alpha:1, ease:Cubic.easeInOut } );
}
```

由于动画中元件缩放幅度较大，所以动画时长相对较长，为 0.46s，元件对于用户始终可见，所以使用了 Ease In Out 这种先慢后快再慢的节奏类型。

步骤 04

除了被打开便签本身的放大与缩小动画外，便签列表中其余便签也会跟着一起做放大与缩小的动画。这部分动画的代码写在 Main.as 类文件中，动画的时间和缓动类型与便签打开关闭动画保持一致，具体内容如下。

```
private function listScaleUp(time:Number=0.46):void{
    TweenMax.killTweensOf(list)
    TweenMax.to(list, time, {scaleX:2.62,scaleY:2.62,ease:Cubic.easeInOut});
            }
private function listScaleDown(time:Number=0.46):void{
    TweenMax.killTweensOf(list)
    TweenMax.to(list, time, {scaleX:1,scaleY:1,ease:Cubic.easeInOut});
}
```

步骤 05

为 note_mc 元件添加点击事件，声明一个名为"openBoo"的布尔值，然后在单击事件的方法中做简单的流控制，并调用 note_mc 和 list_mc 的放大缩小的动画，具体代码如下。

```
private var openBoo:Boolean;
note.addEventListener(MouseEvent.CLICK,onClick);
private function onClick(event:MouseEvent):void{
```

```
        if(!openBoo){
            //打开便签
            (note as CurrentNote).openNote();
            whiteShow();
            listScaleUp();

        }else{
            //关闭便签
            (note as CurrentNote).closeNote();
            whiteHide();
            listScaleDown();
        }
        openBoo = !openBoo;
}
```

步骤 06

按 Ctrl+Enter 组合键测试动画效果，确认无误后可导出 apk 安装文件，安装到手机上体验。

———————

课后练习

在上面的例子只是对便签列表中的一个便签做了打开与关闭动画，读者可以选择其他便签按照上述的思路和方法进行练习。

第 6 章

常用动画方式

界面动画的制作方式不受限制，你可以使用 CG 特效的软件来制作一段炫酷的特效，也可以制作一段补间动画，或是干脆只用纯代码来生成一些动画效果，甚至可以用手绘的方式来制作一段动画放在界面中。但考虑到动画效果的后期实现和在性能效率方面的综合表现，像特效和手绘这样的动画只能以视频或序列帧的方式出现，比较消耗手机的内存和性能，尤其是在手机、平板电脑这些性能不是很强的移动设备上，更不宜过多使用。虽然使用频率不高，但如果能在合适的时间和情景下出现，界面动画仍会让人眼前一亮。

　　目前的界面动画使用较多的依然是元素属性的变化，如位置、大小、不透明度、颜色、旋转方式等。这些属性的变化可以很好地对应到代码中，更有利于动画的实现。如果利用某些特殊的代码或类库实现一些炫酷的效果，并且性能表现很好，也是可以的。无论制作什么效果，如果最终要实现的话，就必须好好考虑它的实现方式，否则很难落地。

6.1 大小、位置的变化和遮罩的使用

　　大小和位置变化是界面动画中常见的属性变化动画，通过动态改变元素在界面中的位置（X、Y 坐标值）、宽高值（width、height 值或 scale$X$、scale$Y$ 值）就可以实现。比较常见的是同步改变两个属性值，例如，同时将宽高值放大相同的倍数就是放大效果。但有时通过调整时间或缓动曲线让两个属性值的变化不同步也可以出现一些拉伸形变效果，读者可以自己尝试下。

　　遮罩是界面动画中使用频率很高的效果，遮罩为元素提供一个区域，使该元素在区域内的部分能够被看到，而在区域外的部分不能被看到，遮罩的边缘可以是羽化或非羽化的效果。遮罩使用一般也伴随着元素大小、位置的变化，接下来就用一个例子来演示一下。

| 实例 | 图片大小变化

图 6-1 所示舞台上有一张图片和一个绿色半透明的形状，形状的大小与图片完全相同，此时如果将此绿色半透明的形状设置为图片的遮罩，那么图片将显示它完整的大小。具体操作为在该形状所在图层上右键单击，然后选择"遮罩层"，如图 6-2 所示。

扫码看效果展示

图 6-1

图 6-2

如果想让图片经过一段动画后改变尺寸大小，且宽高比与之前不同，就需要同时对遮罩做动画。遮罩的尺寸可以任意变化，最后反映在图片上就是显示区域的变化。调整动画最后一帧中图片的大小，使之大于遮罩面积，同时移动图片的位置并保证图片的主要内容仍然处于遮罩区域的中心，如图 6-3 所示。

图 6-3

最后，同时给遮罩层和图片层添加补间动画，动画详情可参考源文件。这种通过遮罩来改变可视区域的方法很实用，不仅可以用在图片上，也可以用在卡片或整个页面上。用代码实现的原理也是相同的，读者可以自行体验一下。

6.2 颜色变化与形状变化

有时，同一个界面元素在不同状态下颜色可能不同，如果想在这两个状态之间平滑切换就需要做颜色变化动画，在如图 6-4 所示的页面中，当用户在"通话""联系人""黄页"3 个页面来回切换时，Tab 部分的背景颜色会随之发生变化。在 Animate 的时间轴中图形元件和影片剪辑元件都可以做颜色变化。如果想用代码来实现的话，借助 TweenMax 类库操作起来也很方便。

形状变化在界面动画中的应用频率非常高,例如,在某些按钮的按下状态与原状态之间的形状过渡动画、Logo 动画、Loading 动画中都比较常见。在 Animate 的时间轴中巧妙地利用形状补间可以实现一定程度上的形状变化。如果用代码来实现形状变化,可以将复杂图形分解为标准的简单几何图形,再用代码来描述,并通过在每一帧更改相关的参数来动态地绘制出图形的变化,例如,用矩形→圆角矩形→圆的形变动画作为遮罩来改变页面或卡片的形状,或是用正弦曲线来模拟水面波浪的变化,如图 6-5 所示。如果是无法用简单几何图形来描述的图案,则可以用贝塞尔曲线来描述,并通过改变每一帧图形中锚点和控制点的位置来实现图形的变化。下面以一个例子来演示一下如何在关键帧的动画中使用颜色变化与形状变化。

图 6-4

图 6-5

| 实例 | 图标动画 1

图 6-6 中有小车、铃铛两个图标,外形相差较远。想要通过关键帧动画让小车变为铃铛,需要先对两个图形进行分析,找到其中的相似点并合理划分动画的结构。本例中从图形角度将动画分为 3 个部分,从上到下依次是扶手、车身、车轮,分别对应铃铛的顶部小球、筒状外壳和内部小球,如图 6-7 所示。动画过程设计为小车先略微下压,然后迅速抬起并将扶手甩掉,同时车身变形为铃铛的筒状外壳。扶手在空中变形为铃铛顶部小球并落在铃铛的筒状外壳上。在车身变形的同时,两个车轮合二为一变为铃铛内部小球。

图 6-6

图 6-7

101

　　车身的形变过程为倒梯形变为不规则筒形。这里直接在两个形状之间做形状补间是不行的，需要用到形状提示点来提示形状变化。首先选中形状补间的第一帧，连续按 Ctrl+Enter+H 组合键 7 次，给倒梯形添加 7 个形状提示点，依次为 a、b、c、d、e、f、g。根据形状变化的需要，将这 7 个提示点分别摆放到图形外边缘的关键部位，并且要按照提示点生成的顺序沿着图形外边缘顺时针或逆时针依次摆放，如图 6-8 所示。

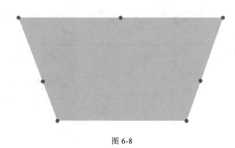

图 6-8

　　此时所有提示点都为红色，表示提示作用并未生效。将鼠标指针定位到形状补间的最后一帧，也就是筒状外壳所在的帧。此时会在图形中央看到之前添加的 7 个形状提示点，将这 7 个点按照对应关系沿着图形外边缘依次摆放。如果提示点变为绿色，表示摆放正确，提示作用生效，如图 6-9 所示。

　　左右拖动播放头查看动画效果，此时会发现形状变化动画已经按照预想的效果进行了。此时光标定位到动画的第一帧，按快捷键 S 将鼠标指针切换为描边工具，然后单击倒梯形，为该图形添加描边，并删除绿色填充，效果如图 6-10 所示。

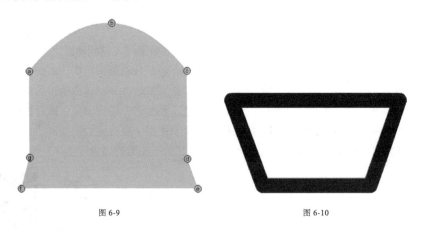

图 6-9　　　　　　　　　　　　　　　　　图 6-10

为最后一帧中的筒状图形执行相同的操作，再次拖动播放头查看动画效果。

<u>步骤 02</u>

车身颜色变化可以在形状变化的过程中进行。单击形变动画的最后一帧，双击筒状图形，选中所有线条。在属性窗口的填充和笔触一栏中改变线条的颜色，如图 6-11 所示。

图 6-11

再次拖动播放头查看动画效果，会发现在形变的同时颜色也发生了变化。

6.3 插帧法

插帧法是二维手绘动画的基本制作方法，也是动画制作的原始方法。虽然插帧法在界面动画中使用较少，但对于动画制作有很大的启发作用。相比于用 Animate、After Effects 这些软件生成的补间动画，插帧法制作的动画更加自由。制作者可以完全根据自己想法来设计中间帧的形态，让动画过程更富有张力不必受制于软件或插件的机制，无拘无束的表达让画面充满想象力和表现力。这也是手绘动画始终无法完全被 CG 动画所取代的原因之一。但插帧法的缺点和不足也很明显，应插帧法制作动画的每一帧都是需要单独绘制的，在制作效率和画面流畅度上远远不如用软件来生成补间动画。

完全用插帧法来制作界面动画的场景非常少，但并非没有。在某些特殊需求和场景下出现手绘动画反而有让人耳目一新的感觉，如手绘风格的插画动画。另外，在哔哩哔哩等网站上经常会出现一些手绘风格的动画元素，让人觉得有趣又好玩，如图 6-12 中箭头处所示。

图 6-12

大量使用插帧法来制作界面动画是不现实的，但插帧法可以与补间动画搭配使用，发挥各自的优势，这样既能完成有趣的动画过渡，也能保证流畅度和效率。

| 实例 | 图标动画 2

在 6.2 节的例子中完成了车身到铃铛筒状外壳的形状变化，学习了形状提示点的用法。这一节用插帧法来制作车轮到铃铛内部小球的演变动画，如图 6-13 所示。

图 6-13

扫码看效果展示

动画过程很简单，主要就是两个小球融为一个的过程。实现的方法也有很多，可以用遮罩方式，或者 alpha 渐变的方式巧妙地隐藏融合接触的过程，或是利用 After Effects 软件的插件来制作。这些方式读者可以自己去尝试下。本节就用插帧法来绘制这个动画。

步骤 01

在时间轴的第 1 帧和第 30 帧处分别画出动画的起始和结束状态，并在第 15 帧处按 F7 键插入空白关键帧，打开绘图纸，如图 6-14 所示。舞台上的情况如图 6-15 所示。

图 6-14

图 6-15

浅蓝色代表第一帧图像，浅绿色代表第 30 帧的图像，参考这两帧的图像形态和位置绘制出第 15 帧处的图像。

动画过程可分为两段，两个小球因为撞击融合在一起，发生一定程度的挤压变形，在形变程度达到最大时，整体速度也减小到 0，这个过程是先加速再减速的运动过程，此时小球的状态应该是一个较长的椭圆。随后椭圆会恢复到圆形，整体的动态也是先加速再减速。所以第 15 帧处的小球动态应该是一个较长的椭圆，如图 6-16 所示。

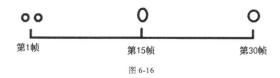

图 6-16

步骤 02

在第 7 帧处添加空白关键帧，将绘图纸外观的范围定位到 1-15 帧，参照第 1 帧与第 15 帧的图像插入第 7 帧。根据运动过程分析，此时两个球应该刚刚接触，接触前时加速运动，接触后发生形变并且有能量损失，开始做减速运动。所以第 7 帧图形如图 6-17 所示。

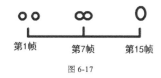

图 6-17

步骤 03

添加第 11 帧，将绘图纸外观的范围定位到 7-15 帧，小球在这段过程中完成融合并做减速形变运动，那么，在第 11 帧的形状应该比较靠近第 15 帧，所以第 11 帧的形状如图 6-18 所示。从图中可以看出小球在第 1~7 帧和第 11~30 帧这两段过程只是发生了基本属性的变化，也就是说这两段过程可以用补间动画完成。真正的形变发生在第 7~11 帧这段过程中。

步骤 04

用插帧法继续将第 8、9、10 这 3 帧补出，如图 6-19 所示。拖动播放头观察动画，如果觉得不够流畅，可以在每两帧之间继续补充中间帧。

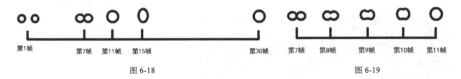

图 6-18   图 6-19

步骤 05

补充第 1~7 帧、第 11~30 帧这两段形状补间动画，并根据运动规律调整时长和缓动。调整第 7~11 帧的形变过程，使其与补间动画更加融合，必要的时候可删减或增加一些帧，例如，这里删除了第 8 帧后，动画形变过程更加干脆，与前面的补间动画衔接得也更自然。最终时间轴上帧分布的情况如图 6-20 所示。按 Ctrl+Enter 组合键测试动画效果。

图 6-20

小车变铃铛的动画已经完成 2/3 了，最后扶手部分使用了形变动画和遮罩动画，扶手在空中变成了一个球落在铃铛的筒状外壳上。扶手变小球的过程可以有很多做法，读者可以按照自己的想法尝试一下。图标动画的完整详情参考动画源文件 "IconAll.fla"。

6.4 循环动画

循环动画在 Loading 动画、插画动画中很常用，只需在动画中做一个首尾相接的周期即可无限循环，但如何让动画循环起来是关键。有时候循环动画可能时间很长，如果导出动画序列帧文件很大，则难以使用。现在 Animate 可以导出 Canvas 动画，开发人员可以很轻松地将动画引入网页端，尤其适合 H5 运营项目。

| 实例 | 循环动画

步骤 01

新建一个 Html5 Canvas 文档，按快捷键 T，在舞台上写一个文字"1"，任意颜色均可。单击选中该数字文本，按 Ctrl+B 组合键将该文本打散为形状，如图 6-21 所示。

扫码看效果展示

图 6-21

步骤 02

新建一个图层，置于数字图层的下方。在该图层中画一个矩形并填充渐变色，如图 6-22 所示。

步骤 03

单击选中第 1 帧处的颜色渐变图，按快捷键 Q 将图形放大，并将其转换为图形元件。在第 90 帧处添加关键帧，依次调整第 1 帧和第 90 帧处该元件的位置，使两帧中将被数字遮罩的部分相同，如图 6-23 所示。然后在两帧之间添加传统补间，将此渐变颜色图层的遮罩设置为步骤 01 中的文字图层，按 Ctrl+Enter 组合键查看动画效果。

第1帧　　　　　　　　　　　　　　第90帧

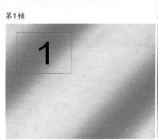

图 6-22　　　　　　　　　　　　　　图 6-23

步骤04

在"文件"→"发布"设置中，有一些选项可以设置H5动画的属性，例如，"循环时间轴"可以设置动画是循环播放，还是播放到结尾停止；"舞台居中"可以使动画显示在浏览器窗口的中间；"使得可响应"让动画根据画布大小按比例缩放，保证动画内容在移动设备的小屏幕上也可以查看，如图6-24所示。当动画内容中有多张位图时，Animate会自动将所有位图导出为一张Sprite表，这样可减少服务器请求次数和文件大小，提高动画性能。本节中的渐变颜色是在Animate中绘制的，所以导出后的文件中没有位图文件夹，渐变的绘制及动画的信息都在js文件中。读者可以尝试将其中的颜色渐变图转换为位图再导出。

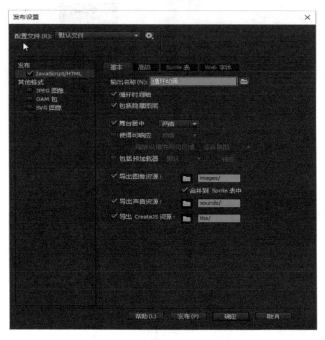

图 6-24

6.5 视差动画

虽然界面不是三维的，但是有纵向深度和不同的层级，这让界面在表现形式上更加丰富灵活。处于不同层级的元素以不同的速度移动时，形成的立体效果就是视差滚动效果。视差效果在界面动画中的使用也非常多。可以是纯动画，也可以是由手指滑动或手机加速度计、陀螺仪来驱动的可交互动画。某些手机的桌面就利用视差效果营造了一种微弱的空间感，如图6-25所示。

在手机、平板电脑这些移动设备上，更多是用手势操作界面，像点击、滑动、轻扫、捏合等。有时候动画会与手指的动作同步进行，在下面例子中，手指滑动图片时，文字也会跟随手指的动作滚动，但是滚动的速度与图片不同，就会产生视差效果。试想如果滑动的不是图片和文字，而是一幅插画的前、中、后景 3 部分，每部分跟随手指移动的速度不同，景深效果是不是就更明显了。

图 6-25

| 实例 | 视差动画

图 6-26 中有两张图片，每张图片上都有一个文字标题。动画的内容很简单，手指左右滑动图片的同时文字跟随滚动，滚动的速率与图片不同。根据动画内容梳理结构，可以将两张图片分为一组，两个文字组成一组，文字图层位于图片图层的上方，布局详情可参考动画源文件。

图 6-26

步骤 01

新建一个 ActionScript3.0 文件，名为"Parallax.fla"，舞台大小与图片尺寸保持一致。将动画所需的图片素材导入舞台布局好，将需要的动画元素转换为影片剪辑元件并命名。新建 ActionScript 类文件，命名为"Main.as"，并将 Main.as 与 Parallax.fla 关联起来。本例会用到 greensock 动画类库，所以将其源代码复制到项目文件夹当中，并与 Parallax.fla 文件保存在同一目录下。新建一个名为"ui"的文件夹，用来存放其他类文件。最终工程的目录结构如图 6-27 所示。

com	2018/9/2 22:11	文件夹	
ui	2018/9/2 22:10	文件夹	
Main.as	2018/9/2 22:37	Animate ActionS...	1 KB
Parallax.fla	2018/9/2 23:44	Animate 文档	7,793 KB
Parallax.swf	2018/9/2 23:33	SWF 文件	524 KB
Parallax-app.xml	2018/9/2 22:07	Maxthon XML File	2 KB

图 6-27

步骤 02

在 Main 中获取文字图片元件，并将其设置为不响应鼠标事件，代码如下。

```
public var word:MovieClip;
word=word_mc;
word.mouseChildren=false;
word.mouseEnabled=false;
```

步骤 03

在"ui"文件夹中新建一个滚动类，命名为"Rolling.as"，这个类用来控制图片及文字的跟手滚动效果。在 Parallax.fla 文档的库中找到图片所在的元件，用鼠标右键单击该元件，打开元件属性窗口，在"基类"一栏中填入 Rolling.as 所在路径，表示该图片元件继承该类，如图 6-28 所示。

步骤 04

继承与直接为某个元件建一个专属类的区别在于，被继承的类还可以被其他多个元素继承，继承同一个类的元素的行为和功能是一致的。这样就可以做到代码复用，而不用为每个相同行为的元素单独去新建一个类了。

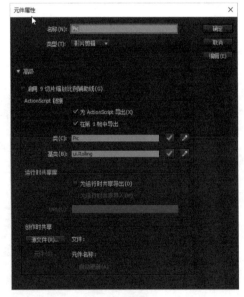

图 6-28

Rolling 类中全部代码的详情读者可以参考源文件，这里就不再赘述了。其中决定图片和文字滚动行为的重要代码如下。

```
this.x += (rollTargetX − this.x) * friction1;
```

其中 this.x 是图片当前位置的横坐标，rollTargetX 是图片目标位置的横坐标，也可以理解为当前手指或鼠标在屏幕上的位置，friction1 是图片滚动的阻尼系数。这种计算元素当前位置的方法在跟手动画中很常用。

上面提到 friction1 是图片滚动的阻尼系数，决定了图片滚动的速率。在 Rolling.as 中这样的参数有两个，分别为 friction1 和 friction2。friction1 可以调整鼠标或手指拖动图片时的滚动速率，或者说图片滚动的跟手度。friction2 可以调整鼠标抬起或手指离开屏幕后图片的滚动速率。在此例中 friction1 的值比较大为 0.45，这样的好处是图片在拖动过程中是跟手的，而 friction2 的值比较小，为 0.1，这样能让图片在松手后继续滚动一段距离然后慢慢停止，符合现实世界中的惯性原理，动画看起来自然舒服。读者可以根据自己的感觉去改变参数，测试动画效果。图片滚动起来后再根据图片与文字起始位置关系，按比例计算出滚动过程中文字的位置。

Rolling.as 类是个非常有用的类，在它的基础上稍加改造就可以做出多种手势，如长按、双击、轻扫、拖动等。

测试动画后可以看到，由于文字与图片在相同的时间内滚动的距离不同，导致它们之间出现了相对位移，前景文字移动的速度要快于背景图片的移动速度，这就是视差动画的基本原理。

在本例中由于层级结构比较简单，元素也比较少，虽然应用了视差的原理，但是并没有表现出纵深的感觉。如果将该原理应用在如图 6-29 所示的场景，相信会有比较强的纵深感。

图 6-29

这是一个森林的场景，其中有很多树，还有两只可爱的小动物。我们可以将这些树和小动物按照距离屏幕的远近分成多个层。根据视差的原理，离屏幕最近的层运动最快，离屏幕较远的层运动速度较慢。运动的位置可以按照本例中提到的方法计算，速度快慢也可以通过给每一层设置不同的阻尼系数来控制。不同的是为了获得较好的效果，这里不再用鼠标或手指拖动的方式来控制图层运动了，而是改用手机自带的加速度计来控制。也就是说手机的不同状态会影响每个图层的移动幅度。相信按照这个思路能够做出一个不错的效果，那么这个视差动画就留作本章结尾的作业，并提供相关的图片素材供大家练习，也会有源码给大家参考。

6.6 路径动画

路径动画的使用频率非常高，可以单独使用，也可以和其他效果搭配使用。当一个元素做曲线运动时可以借助路径来完成，在插画中的应用尤其多，如落叶、鸟等在空中的路径都是曲线。在 Animate 中使用路径动画也非常简单，用鼠标右键单击元件所在的图层，选择"添加传统运动引导层"，此时在当前图层的上方会出现一个新的图层。在该图层中画一条曲线，并在元件所在图层的第一帧将元件的中心摆放到曲线上，如图 6-30 所示。

在最后一帧将元件移动到曲线的另一位置，调整元件的方向姿态，如图 6-31 所示。

图 6-30　　　　　　　　　　图 6-31

在两帧之间添加传统补间，拖动播放条预览动画效果就会发现，元素沿着曲线移动了。

6.7 滤镜动画

在 Animate 中可以对影片剪辑做一些滤镜效果动画，在属性一栏中可以找到，如图 6-32 所示。不过，由于软件的定位不同，所以滤镜效果的种类不像 AE 中那么丰富，并且这些滤镜效果大部分是不支持 GPU 加速的，也就是说该软件滤镜做的动画效果在手机上是不能正常运行的。所以当遇到特效类动画的时候还是用 AE 来制作，然后导出视频在 Animate 中使用。

图 6-32

课后练习

将 6.5 节中的例子改为插画，手指滑动带动插画的前、中、后景 3 部分同时移动。移动时 3 部分的速度快慢是怎样的？读者可以自己动手尝试下。

第 7 章

动画实现

7.1 动画参数和实现方式

　　界面动画的实现需要设计师与开发人员对接，除了相关的动画原型外，还需要将动画的参数、动画的实现方法、动画素材（包括序列帧图片、视频、gif图等）提供给开发人员。如果对接的是网页开发人员，那么你可以将关键帧动画转化为H5动画给开发人员使用。

　　从实现的角度将动画分为两类，第一类是元素的属性变化，如大小、颜色、不透明度、位置等。这类动画可以用代码来实现，所以只需将动画的参数输出给开发人员。第二类是基于时间轴的关键帧动画（或一段视频特效），实现这类动画需要向开发人员提供序列帧图片或视频素材。如果关键帧动画都是基于矢量图形制作的，可以考虑使用Svg动画来实现。Svg格式具有体积小、缩放不失真等特性，非常适合制作动画。虽然Svg动画的应用还不是很普及，但相信随着各平台对Svg动画支持的完善，Svg格式会成为关键帧动画的一个很好的解决方案。如果动画应用在Web端，可以使用Animate的H5Canvas项目进行动画制作并导出。如果动画应用在安卓端，可以使用第三方动画类库，如Lottie。有兴趣的读者可以去研究一下。对于用After Effects软件导出的特效动画，一般只能以序列帧图片或视频的形式应用在项目中，个别效果也可以考虑用纯代码实现。

　　第一类动画需要输出的参数的种类如下。

　　1. 元素初始属性值

　　2. 元素最终属性值

　　3. 动画过程所用时间

　　4. 动画所用的缓动（插值器）

　　5. 动画的延迟时间

　　为了让开发人员更好地理解动画的过程，我通常会在列出参数之前，附加一段简单的动画过程文字说明，然后再将动画参数清晰地列出。图7-1所示为一个弹窗弹出动画，动画过程主要包含两部分：使背景黑下来的alpha动画和弹窗向上弹出的动画。这两部分动画并非同时发生的，在动画开始时，背景必须要在弹窗进入屏幕之前黑下来，这样弹窗的动画才会更明显，弹窗本身没有外边框和阴影，如果在背景不压黑的情况下进入屏幕，弹窗的边界会混入背景，这样也是不行的。

图 7-1

同样，动画结束时，在弹窗离开屏幕之前，背景的黑不能消失，否则弹窗又会与底部背景无法区分，所以这里应该是弹窗即将或已经离开屏幕之后，背景的黑才慢慢消失。考虑到动画不能够太拖沓，这部分动画的延时时长应该要好好拿捏。

该动画所需的参数描述如下。

1. 弹窗出现的动画过程为：背景变黑，弹窗面板上移进入屏幕。

弹窗面板部分

初始状态，

y：1316px

最终状态，

y：1016px

t：0.26s

interpolater：QuitEaseOut

delay：0.1s

背景黑部分

初始状态，

alpha：0

最终状态，

alpha：1

t：0.3s

interpolater：SineEaseInOut

delay：0

2. 弹窗消失的动画过程为：弹窗向下移动离开屏幕，背景变会正常。

弹窗面板部分

初始状态，

y：1016px

最终状态，

y：1316px

t：0.16s

interpolater：QuitEaseIn

delay：0s

背景黑部分

初始状态，

alpha：1

最终状态，

alpha：0

t：0.3s

interpolater：SineEaseInOut

delay：0.1s

y 为元素在舞台上的坐标，t 为动画的时间，interpolater 是动画插值器，即缓动类型，delay 是动画的延时时间，对于这些属性如何书写没有固定要求，只要能够与合作的开发人员达成共识即可。

7.2 用图形表示动画过程

有时候即使提供了清晰的文字描述，可能有些开发人员还是不能很清楚地理解整个动画过程，这时候肯定需要借助示意图，如图 7-2 所示。

1．弹窗出现的动画过程

2．弹窗消失的动画过程

图 7-2

7.3 界面动画在实现过程中的问题

1. 设计阶段的问题

影响一段界面动画质量的因素有很多，有些问题在设计阶段就应该避免。

（1）同一个元素的出现和消失方式不一致。这样的动画不仅会给用户带来困惑，也会让动画显得杂乱无章。

（2）界面元素的运动与用户的操作方式不符。界面动画原本就是由用户操作驱动的，只有当元素的运动与受力方向相同时，才符合用户的预期，动画才是舒服的。

2. 开发过程中的问题

有些问题则可能出现在开发的过程中。

（1）动画过程没有缓动或者缓动类型不对。这也是国内 App、游戏或系统开发过程中非常常见的问题。读者如果玩过阴阳师可能会注意到，其中所有卡片的入场与出场动画都是匀速，没有缓动。游戏的可玩性很高，声优配音也很吸引人，然而界面动画方面没有锦上添花，反而拖了后腿。主要原因就是对动画缓动不理解、不重视或者系统框架没有引入缓动类库。

（2）元素层级穿插。当一个 App 的交互比较复杂，或者类似一个系统这样，想在现有基础上增加新的功能交互时，如果在层级结构方面考虑不到位，就可能发生一个元素穿过位于它上方的元素跑到最上层。

3. 其他问题

有时动画设计没有问题，参数也都应用到实际开发中了，但最终的效果依然与原型有一定差距，这时主要原因在平台上。平时做动画设计时，Animate、After Effects 这些软件呈现出的动画效果是理想状况下的样子，一旦动画进入实际开发过程就要面临功耗、性能、内存和一堆复杂的情况，动画可能会被进行缩短时间、强行杀掉或抽帧等处理，这些操作都会让动画的还原度降低。此外，由于各系统平台图像处理机制不同也会导致动画呈现上的差异，如 Android 系统和 iOS 系统对屏幕的响应顺序不同，这也是影响动画流畅度的原因之一。即便是在 Animate 和 After Effects 这样的设计软件上，同一段动画在参数完全相同的情况下呈现出的效果也有所不同，这与软件本身的动画渲染机制有关，我们能做的就是适当调整参数，让动画效果在不同平台都能表现出一个相对理想的效果。

第 8 章

人机交互界面的发展和未来

8.1 人机界面的发展历程

前面章节所有关于界面动画的内容都是在讲述界面元素的行为。界面元素和界面动画都是界面的一部分，准确地说是图形用户界面的一部分。而图形用户界面也只是人机交互发展过程中的一个阶段，是界面众多形态中的一种。UI 是 User Interface 的缩写，直译为用户界面，也称为人机界面，它的确切含义是系统与用户之间进行信息交换的媒介，是一个用户和系统进行交互的方法集合，而并非只是几个图标或按钮。

1764 年英国兰开郡的纺织工詹姆斯·哈格里夫斯对传统纺纱机进行改进，制造出了用一个纺轮带动 8 个竖直纱锭的新纺纱机，效率比传统纺纱机提高 8 倍。哈格里夫斯将这台纺纱机命名为"珍妮机"（"珍妮"是他女儿的名字），如图 8-1 所示。"珍妮机"是第一次工业革命的开端，也是人机交互研究的开始，从此人类开始系统地思考人机交互的问题。

图 8-1

19 世纪 60 年代克里斯多弗·拉撒姆·肖尔斯和卡洛斯·格利登一起制作了一架木制打字机，不但能给书编页码还可以直接在书本上印字，如图 8-2 所示。肖尔斯发明的 QWERTY 键盘布局一直保留至今，并逐渐形成了现代键盘。1874 年打字机正式进入市场，到 20 世纪初打字机已经风靡整个欧洲和美洲，成为人们生活中的平常之物了。至此，机器与个人的生活开始变得紧密相关，人机交互也不再局限于工厂之内，个体与机器的交互开始成为研究的重点。

图 8-2

    1981 年 IBM 公司推出了第一台真正意义上的个人电脑，它采用了英特尔 8086 处理器，配备 16kB 的内存和一个磁带机，系统是微软的 MS-DOS 操作系统，该操作系统是一个典型命令行界面，如图 8-3 所示。操作它需要有强大的记忆力，接受大量的训练，并且要具有较高的专业水平，这个系统对一般用户来说难以学习且操作起来容易出错。但是在熟记命令的前提下，命令行界面的操作速度和执行效率比较高。

图 8-3

1973 年 4 月施乐公司帕洛阿尔托研究中心研发出了第一款使用图形界面操作系统的个人电脑，首次将所有元素集中到了图形界面中，拥有所见即所得的文档编辑器，并内置了大量字体和文字格式。

我们当前所处的是比较发达的图形用户界面时代，或者说是多媒体用户界面时代。现阶段，文本、图形、图像、动画、视频、声音等多种形式的信息结合在一起，极大地丰富了计算机信息的表现形式。同时，多媒体技术也提高了人们对信息表现形式的控制能力，增强了信息表现与人的逻辑创造能力的结合，扩展了人的信息处理能力。因此多媒体信息比单一媒体信息更具有吸引力，更能促进人对信息的主动探索。近年来，抖音、快手等短视频 App 迅速崛起，它们就是多媒体时代的代表，如图 8-4 所示。这种媒体形式轻松、直观、富有感染力，不仅能够缓解用户的压力，还能够充分地利用碎片化时间达到信息传播和营销的目的。

图 8-4

丰富的信息呈现方式带来的问题是信息量的不断提升，这也对信息的显示设备带来了更大挑战。以手机为例，直板触摸屏从诞生至今已 10 余年，为了更好地呈现信息，手机屏幕也越做越大，手机制造企业想尽各种办法来增加手机的屏占比，如"刘海"屏、"水滴"屏、"挖孔"屏、弹出式摄像头、滑盖等方式，如图 8-5 所示。

图 8-5

在不大幅度改变产品体积的前提下将屏幕做得更大些，但这种方式会有一定的局限性，产品的体积增大会给携带和手持带来不便。折叠屏和柔性屏的出现为大屏幕的实现提供了另一种方案，如图 8-6 所示。让手持设备可以显示更多的信息，更方便进行多任务操作，给用户带来更加沉浸的使用体验。屏占比和全面屏的概念在折叠屏和柔性屏上会逐渐成为锦上添花的加分项，因为对于手持设备来说，用户已经能够获得足够大的屏幕和足够沉浸的体验，留出更多的空间给其他元器件来增强手机感知环境和处理信息的能力。

然而，即便是折叠屏和柔性屏的方案也不能让显示屏幕继续无限增大，持续增长的信息量将如何显示？未来，屏幕依然会继续扩大，但是会以与现实世界无缝融合的方式来呈现。人类会生活在一个数字世界与现实世界融合的世界中，以更直接、更自然的方式与现实世界进行信息交流，人机交互将越来越趋近于人人交互。所以继折叠屏和柔性屏的下一代显示技术应该是 AR 头显技术，并且这个技术不会马上取代手机，它会成为手机屏幕的一个重要扩展，并且需要手机来提供计算能力。相信随着头显光学技术的发展和算力的不断提升，AR 头显会逐渐成为继手机之后的又一个重要的显示平台，如图 8-7 所示。

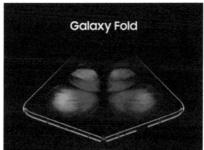

图 8-6

图 8-7

8.2 信息输入端形态的发展

信息的表现形式足够丰富，信息的输出带宽也足够高，然而信息的输入方式和输入带宽的提升却不够。目前主要的输入端设备依然是键盘、鼠标和触摸屏。以手机的发展为例，触摸屏的出现颠覆了之前的实体键手机，触摸屏不仅显示内容更多，输入效率也大幅度提升，触屏手势的操作也更符合用户需求。但是从2008年到现在，触屏手机已发展了10余年，触屏交互的方式没有太大的改进，虽然2015年苹果推出的3D Touch功能虽然给手机增加了压感，但输入效率没有大幅度提升，也没有什么实际的用途，反而与轻触的交互理念有些矛盾。日益增多的信息量和不断添加的新功能能让触屏手机的手势交互越来越复杂，触屏交互的发展也已经到达了瓶颈期。

事实上20世纪80年代后期多通道用户界面的探索就已开始，近几年在深度学习技术的加持下开始逐渐走向成熟。以增强显示（Augmented Reality，AR）和虚拟现实（Virtual Reality，VR）技术为代表的多通道用户界面平台能够让用户使用语音、体感、手势、书写、眼动等多种方式自然、并行地与机器交流，通过整合多个通道的信息来捕捉用户的交互意图，提高信息输入的效率，如图8-8所示。

图 8-8

8.3 虚拟现实与增强现实

虚拟现实是利用计算机模拟产生一个三维空间的虚拟世界,给用户提供视觉、听觉、触觉等感官的模拟,让用户感觉身临其境,使用户可以即时地与三维空间中的事物进行交互。虚拟现实是一种集合了计算机图形、计算机仿真、人工智能等多种技术的计算机仿真系统。

目前我们接触到的VR设备主要是对视觉的模拟,如Oculus Rift和HTC Vive两款设备。当然不仅限于对视觉的模拟,对听觉和触觉的模拟也在研究当中,只是视觉模拟在技术上更加成熟,并且已经达到了商业化的程度。然而,即便如此VR在视觉模拟上依然存在着难以解决的问题,如用户产生的眩晕感。原因主要有以下几点。

(1)在佩戴VR设备时视觉上的移动告知大脑我们在移动,但是与肌肉相连的前庭系统并未感受到身体在移动,所以会给大脑传递与视觉系统相违背的信息,从而导致了眩晕和恶心的发生。

(2)VR设备在感知人体动作并做出反馈方面会有一些延迟,这个延迟感可能不明显,但是如果长期佩戴依然会引起不适。

(3)现实中,我们倾斜头部但现实世界不会跟着倾斜,但是在VR设备虚拟的世界中,当我们倾斜头部时画面也倾斜了,这种频繁的移动也会增加不适感。

(4)现实世界是有深度的,人类在观察现实世界时眼睛会不断地去远近对焦,但是VR设备产生的画面没有物理景深,没有深度信息,只能通过模糊程度的高低来模拟远近,长时间处于这种环境之中也会引起眩晕。

目前VR设备已经商业化,大家比较熟悉的是一款游戏VR设备能给用户带来无与伦比的沉浸体验,不过VR技术也正在与传统电影艺术结合从而创造出一种崭新的VR电影艺术形式,利用VR技术独有的沉浸感和交互性给用户带来前所未有的体验。《异形:契约》《敦刻尔克》等多部影片都相继推出了VR版本。除此之外,VR技术在军事、航天、教育领域都有所建树。

创造一个完全虚拟的环境让人沉浸其中是VR的特点，但也正是这个特点使它无法被广泛应用于日常生活中。你不能像带着手机一样带着VR设备在现实世界中自由行动，所以VR设备无法成为下一代主流人机界面，它只能在某些独立且封闭的场景中使用，作为增强现实的补充手段，为用户带来不一样的体验。如果有一天科学技术真的发展到如同科幻类电影中描述的那样人类可以把意识从肉体中抽离出来上传到网络实现永生，或者人类意识可以生活在另一个完全虚拟的数字世界中，那么现实中的你需要的只是一个维持生命装置，VR设备创造的数字世界才是人类灵魂的最终归宿，如图8-9所示。

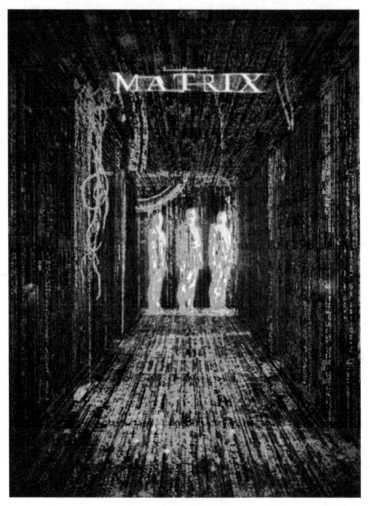

图 8-9

与VR不同，AR（增强现实）并不模拟整个空间环境，而是透过摄影机视频的位置及角度精算再加上图像分析技术，让显示屏上的虚拟世界能够与现实世界场景进行融合，通过人类能够接受的方式进行传递。增强现实不仅包括视觉增强、也包括听觉、味觉、触觉等感觉的增强，在多个维度辅助人类的感官去接收本来无法轻易从现实世界中获取的信息，同时做到实时交互。显然AR更适合作为下一代主流的人机交互界面。

AR在1990年被提出，早期多应用于军事，之后随着随身电子产品运算能力的提高被逐渐应用在生活中的各个方面，如应用、游戏、运动、家居等。与VR相同，目前的AR技术主要体现在视觉增强方面，不同的是虚拟与现实融合的难度远比创造一个完全虚拟的环境要难得多。这也是为什么VR能够领先AR一步商业化的原因。AR显示技术的核心是光学技术，目前的光学技术主要分为以下4类。

第一类是以谷歌眼镜为代表的棱镜技术，如图8-10所示。原理是通过把侧面的微显示器投影的信息和外界光线的一半通过偏振分光膜反射到人眼中，只要投影信息显示的位置恰当就会产生与现实空间的叠加感。遗憾的是这种设备的视野范围和视场角大小有限，只能在眼镜的角落显示一块小屏幕，人看久了会斜眼。

图 8-10

第二类是以爱普生智能眼镜为代表的自由曲面技术，如图8-11所示。它可以削减偏振分光棱镜技术的局限性带来的影响，光学设计师把原本的立方体表面做成弯曲的表面，甚至膜层也做成弯曲的，极大程度地利用每个位置的分光效果。自由曲面技术把视场角提升到了25°左右，但是厚度无法太薄，这样一来，体积和重量又成了影响产品体验的重要因素。

图 8-11

第三类是以Meta2眼镜为代表的离轴光学技术，如图8-12所示。该技术实际上是在自由曲面技术的基础上对偏振分光器进行简化，把原先的玻璃块缩减成一层半透明的罩子。该产品的优势在于的确能很大程度上扩大视场角，缺点是产品体积太大了，像个头盔。

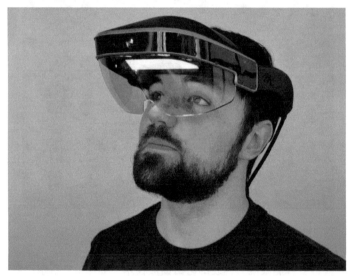

图 8-12

第四类是以HoloLens为代表的全息波导技术，如图8-13所示。该技术使电子显示屏的光线通过光栅进入波导片，经过传输再通过光栅进入观察者的眼睛。光栅是波导片表面的一种膜层，可以通过光的干涉使光线发生偏折。波导技术理论上可以做到更大的视场角，范围在30°~60°之间，并且不会增加镜片的厚度。

图 8-13

另外，还有一些其他AR显示技术，例如，直接将数字影像以激光的形式投射到人的视网膜上，或是在人眼中植入某种微型的设备从而在视网膜上成像，抑或是将影像呈现在隐形眼镜上。这些技术都会对人眼造成一定程度的伤害，难以达到日常使用的目的。也许在遥远的未来，科学技术可以直接这些数字影像信息转化为神经脉冲信号传递给大脑，无须什么可穿戴设备，需要的只是一个小小的皮下植入芯片。

8.4 未来AR设备可能的形态

由于光学技术和算法技术的限制，AR头显目前还没有达到能够在日常生活中大规模使用的阶段。8.3节中展示了目前市场上能够看到的一些AR头显产品的外观和技术特点，从它们的形态和功能上可以大致推测出一款成熟AR头显可能会具有以下几个特点。

（1）它一定不会是一款眼镜产品，因为眼镜的形态没有普遍适用性，也不适合长时间或在剧烈运动时佩戴；它的屏幕应该可以手动展开和收起，用户不会全天佩戴，同时目前电池技术也不支持长时间续航，同时用户也有观察周围现实世界的需求。在2019年世界移动通信大会上微软推出的Hololens 2就是可以手动收起镜片的设计，如图8-14所示。

图 8-14

（2）AR是一个集合了视觉增强、听觉增强、语音识别、手势识别等多种交互技术的平台，Bose就曾出过一款听觉增强器的眼镜，如图8-15所示。

图 8-15

（3）AR头显与手机结合使用。未来的头带显示器应该是一款轻盈的裸穿戴设备，所以它可能不会有复杂的计算模块，算力的提供由手机负责，所以AR头显更像是手机屏幕的扩展。这也符合历史的发展规律，就像手机并没有取代计算机只是它们的侧重点发生了变化。

（4）AR与云技术的结合，再厉害的摄像头也难以探测极远范围内的景物并加以分析建模。目前的手机AR也只能探测5米以内的物体，所以基于手机AR的应用都限制在极小的范围内或空间内。走在街上如何通过AR头显来看到1千米甚至更远处的信息？显然让手机或头显直接扫描建模生成叠加信息是不现实的。这里需要事先将现实世界进行扫描并将数据存储在云端，理论上应建立起一个现实世界的数字版。然后通过手机或头显扫描周围环境提取特征点并与云中存储的数据进行匹配从而精确锁定某个事物，如景点的位置，并在其上叠加虚拟信息，如图8-16所示。

图 8-16

8.5 AR会给图形界面和动画带来哪些改变

硬件形态的变化必然会给现在的图形界面和其中元素的行为带来改变。

（1）界面半透明化。因为界面是融合在现实世界中的，所以操作某个当前界面时用户可能希望能够同时了解环境中的变化，例如，有人向你走来。

（2）信息的跟随行为。在AR的界面中标识某个移动物体的信息会跟随该物体移动，并且始终面向用户。

（3）三维元素的应用。在某些场景中，当二维元素难以描述某种信息时，三维元素会出现并以更形象的方式来描述信息。另外，即便是在广告和运营方面，三维元素都具有更强的表现力和交互性，可能在不遥远的未来三维吉祥物和卡通角色会满街跑。

（4）三维元素的灯光、阴影和调色会根据周围环境来改变，从而和现实世界更加融合。

（5）现实世界中的虚拟元素可点击，就像网上的链接一样。

这些变化会发生在AR时代的早期。但随着技术的发展，相信人机交互会变得越来越高效，越来越自然，越来越接近人人交互。到那个时候界面这种东西也许就不复存在了，或者说它会变得极其隐蔽，让人难以察觉。

8.6 通信技术与人工智能

从最初的2G、3G，到现在的4G时代，互联网让我们时刻与整个世界保持联系，我们可以随时随地知晓地球上任意地区发生的事件，实时分享自己的照片或视频给远方的亲人和朋友，实时聊天甚至远程办公等，这些已经成为我们日常生活的一部分。在接下来的5G时代，网络信息的传输带宽和速率会进一步提高，家用电器可以互联互通，AR与云计算的结合也将成为可能，如图8-17所示。

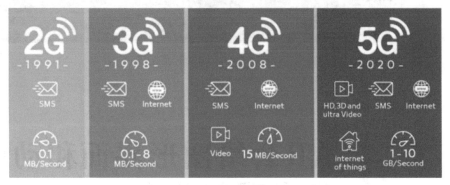

图 8-17

另外，无论是AR还是VR技术都离不开人工智能技术的支持，尤其是现在的深度学习算法对于语音识别、手势识别、物体和场景识别等问题的解决都起到了非常重要的作用。不仅如此，在人工智能技术的支持下，未来人类不仅能够高效地和设备进行沟通，设备也会变得更加智能，可以全方位地感知用户的需求，记录用户行为习惯方面的数据，并且不断进行更新调整。当用户以语音的方式向设备发出一段命令后，设备通过后台的人工智能与大数据融合技术快速地呈现用户想要的结果信息。例如，当用户对手机说想去旅游时，手机会分析用户平时浏览的网页和聊天信息，找出用户可能会喜欢的几个目的地，并分别规划好路线告知用户。设备也可以在对的时间和对的地点，结合它已经掌握的关于用户的信息来预测用户的潜在需求，并主动给出建议。总之，未来的人机交互模式会倾向于人人交互那样自然交流的状态，就像尼葛洛庞帝在《数字化生存》一书中所预言的，"下一个十年的挑战将远远不只是为人们提供更庞大的屏幕、更好的音乐和更易使用的图形输入装置，这场挑战将是：让电脑认识你，懂得你的需求，了解你的言辞、表情和肢体语言"。